Biologie und Landwirtschaftswissenschaften

WTB

WISSENSCHAFTLICHE TASCHENBÜCHER

HANS TIELECKE

Pflanzenschutzmittel

AKADEMIE-VERLAG · BERLIN

WTB

BAND 11

Hans Tielecke

Pflanzenschutzmittel

AKADEMIE-VERLAG · BERLIN

1963

Reihe BIOLOGIE
UND LANDWIRTSCHAFTSWISSENSCHAFTEN

Verantwortlicher Herausgeber dieses Bandes

Prof. Dr. M. Klinkowski

Verfasser

Dr. H. Tielecke, Magdeburg

VEB Fahlberg-List Magdeburg
Chemische und pharmazeutische Fabriken

Die mit einem Stern versehenen Wirkstoffnamen sind als allgemein gebräuchliche Bezeichnungen (common names) von der Internationalen Standardisierungsorganisation (ISO) innerhalb eines besonderen Technischen Komitees (TC 81) festgelegt worden. Diese Bezeichnungen dürfen im allgemeinen Interesse nicht als Markennamen einzelner Hersteller Verwendung finden.

Erschienen im Akademie-Verlag GmbH,
Berlin W 8, Leipziger Straße 3–4

Lizenznummer: 202 · 100/442/63
Gesamtherstellung: VEB Druckerei „Thomas Müntzer" Bad Langensalza
ES 18 G 2/22 F
Bestellnummer: 7011 · Preis: DM 8,–

Vorwort

Die Zahl der Wirkstoffe in den verschiedenen Pflanzenschutzmitteln hat im Zuge einer stürmischen Entwicklungsarbeit schon heute ein derart beträchtliches Ausmaß angenommen, daß es selbst dem im Pflanzenschutz tätigen Fachmann Schwierigkeiten bereiten muß, über die im internationalen Maßstab angewandten Wirkstoffe jederzeit orientiert zu sein. Es wird versucht, über die im praktischen Pflanzenschutz bereits angewandten biologisch aktiven Stoffe einen Überblick zu geben, wobei im Rahmen dieses Taschenbuches eine erschöpfende Auskunft über jeden Wirkstoff nicht erwartet werden kann. Zu jeder Wirkstoffgruppe werden Angaben über allgemeine Fragen und Probleme gemacht.

Die Darstellung wendet sich nicht nur an den Pflanzenschutzfachmann, sondern auch an Interessenten, die nicht unmittelbar auf dem Gebiet des Pflanzenschutzes tätig sind, aber sich schnell über dieses Wissensgebiet orientieren wollen, wie Mediziner, Veterinärmediziner, Biologen, Biologie- und Landwirtschaftslehrer an Fachschulen und schließlich an Studenten der Naturwissenschaften (Biologen und Chemiker) und der Landwirtschaft.

Allen Kollegen danke ich herzlich für die freundliche Mithilfe bei der Abfassung dieser Schrift. Für Kritiken, Verbesserungsvorschläge und Anregungen wäre ich sehr dankbar.

Magdeburg, im Mai 1963 Der Verfasser

Inhalt

A. Einleitung 5

B. Spezieller Teil 14

I. Der Wirkstoff und seine Zubereitungsformen (Stäube-, Streu-, Nebelmittel, Spritzpulver (wettable powder), emulgierbare Konzentrate usw.) 14

II. Fungizide 19

III. Insektizide 44

IV. Akarizide 112

V. Nematizide 120

VI. Rodentizide 130

VII. Molluskizide 136

VIII. Mittel gegen Schadvögel und Wildschaden . . . 138

IX. Herbizide 139

C. Literaturverzeichnis 166

D. Sachregister 169

A. EINLEITUNG

Der Chemische Pflanzenschutz (Bedeutung, Problematik und Stellung zur biologischen Schädlingsbekämpfung)

Seit Ausgang des vorigen Jahrhunderts bis zur Gegenwart hat sich die Menschheit auf der Erde um ca. das Doppelte vermehrt. Diese in der weiteren Zukunft sich noch steigernde Bevölkerungszunahme, die pro Jahr 1% beträgt und damit einen jährlichen Zuwachs von 30 Millionen Menschen bedeutet, führt zwangsläufig zu einer Verminderung der Nutzfläche pro Kopf der Erdbevölkerung. Um diesem Weltproblem der ausreichenden Ernährung der Menschheit zu begegnen, werden mit äußerster Anstrengung verschiedene Wege beschritten. Gebiete, die klimatisch den Anbau von Nutzpflanzen noch zulassen, werden unter den Pflug genommen. In Sibirien bietet die UdSSR dafür ein großartiges Beispiel, denn dort werden die Arbeiten mit großer Tatkraft vorangetrieben. Auch in dem neu sich gestaltenden Afrika wird ebenfalls in fortschreitendem Maße durch Urbarmachung Neuland gewonnen. Mit Hilfe der modernen Technik werden u. a. durch Bewässerungsanlagen, die gleichzeitig auch noch zur Energieversorgung ausgewertet werden können, Ödländer nutzbar gemacht. Die UdSSR und die USA weisen hierfür die imposantesten Anlagen auf. Mit Entwässerungsanlagen gigantischen Ausmaßes gelingt es den Niederlanden, die Nutzfläche zu vergrößern.

Auf einem weiteren Weg wird mit Beharrlichkeit und Ausdauer versucht, auf der zur Verfügung stehenden landwirtschaftlich genutzten Fläche durch Auswertung der Forschungsergebnisse auf allen Gebieten der Agrarwissenschaft die höchstmöglichen Erträge zu erzielen. Zur Erreichung dieses Zieles trägt im wesentlichen Maße neben Düngungsmethode, Bodenkunde, Pflanzenzüchtung, Technisierung u. a. auch der Pflanzenschutz bei, dessen Aufgabe darin besteht, die bis zur Ernte wachsenden Kulturpflanzen vor Krankheiten, Schädlingsbefall und Unkräutern zu bewahren. Die durch Krankheiten und Schädlinge verursachten Ernteverluste werden auch heute noch auf 10—20% geschätzt. Der Pflanzenschutz hat einmal die Aufgabe, die geographisch und klimatisch bedingten, gewohnheitsmäßig mehr oder weniger stark auftretenden Krankheiten und Schädlinge zu bekämpfen und die durch sie verursachten Erntedepressionen und Qualitätsminderungen zu verhindern. Daneben besteht seine volkswirtschaftlich bedeutsame Aufgabe darin, die durch besondere Klimaverhältnisse oder durch andere Faktoren verursachten, sich über größere Gebiete erstreckenden, epidemisch auftretenden Pflanzenkrankheiten und Schädlingskalamitäten zu beseitigen. Verzichtet man in diesem Fall auf pflanzenschutzliche Maßnahmen, kann es, wie die Vergangenheit an vielen Beispielen gezeigt hat, in Extremfällen zu Hungerkatastrophen kommen. Erinnert sei an die durch den Pilz *Phytophthora infestans* verursachte Kartoffelkraut- und knollenfäule, die in der ersten Hälfte des 19. Jahrhunderts in Deutschland, Frankreich und England so verheerend epidemisch auftrat, daß große Hungersnöte entstanden. Nach zeitgenössischen Berichten sollen in Irland 500000 Menschen an Hunger gestorben sein. Gegenwärtig sind bei uns und in anderen Ländern Europas die Phythopathologen intensiv an der Arbeit, um das verheerende Auftreten des Tabakblauschimmels (*Peronospora tabacina*), das schon zu Totalverlusten größten Ausmaßes geführt hat, zu bannen.

In gleicher Weise kann auch das Massenauftreten eines sonst harmlosen Schädlings zu enormen Verlusten führen.

Wir erinnern uns noch der durch die damaligen abnormen Klimaverhältnisse verursachten Rübenderbrüßlerkalamität (1947/49), die dem Zuckerrübenanbau in der DDR bedeutende Verluste zugefügt hat, deren Ausmaß noch unvorstellbar größer gewesen wäre, hätte nicht der Pflanzenschutz die erforderlichen Maßnahmen getroffen. Von 20900 ha befallenen Rübenfeldern fielen 5590 ha der völligen Vernichtung anheim. Mit dem Einsatz von Schädlingsbekämpfungsmitteln gelang es, 36830 ha vor einem Totalverlust zu bewahren, der einen Schaden von 17 Millionen DM verursacht hätte.

Immer wieder hört man alarmierende Nachrichten über das verheerende Auftreten von Heuschreckenschwärmen oder von Wanzen, z. B. der asiatischen Getreidewanze (*Eurygaster integriceps*) und einer anderen Art (*Aelia rostrata*), in den Ländern des Mittleren und Nahen Ostens, das Hungersnöte zur Folge hätte, wenn nicht durch einen schnellen und massierten Einsatz von Schädlingsbekämpfungsmitteln die Plage behoben werden würde. Nur das Flugzeug, mit dem man einerseits die Präparate so schnell wie möglich an den Einsatzort transportiert und sie andererseits schnellstens über die zu schützenden Kulturen ausbringt, gewährleistet die rechtzeitige Durchführung der zu treffenden Pflanzenschutzmaßnahmen.

Nach Schätzungen der UNO werden ca. 30 Millionen Tonnen allein an Brotgetreide und Reis in der Welt vernichtet. Mit dieser Menge könnte man zusätzlich 150 Millionen Menschen ernähren.

Auch Angaben über den Geldwert der Verluste, die den Kulturpflanzen durch Krankheiten und Schädlinge zugefügt werden, führen uns die Bedeutung des Pflanzenschutzes vor Augen. So wird von seiten der USA der Schaden, den die Nutzpflanzen durch Insekten erfahren, je ha Acker- und Getreideland mit 95 DM jährlich bewertet. Die Ackerfläche der Welt, auf 900 Millionen ha veranschlagt, erleidet damit Ertragsausfälle in der kaum vorstellbaren Summe von 87 Milliarden DM. Der Schaden, den Insekten in den USA an Getreide verursachen, wird mit 500 Millionen Dollar bewertet. In Deutschland schätzt man die Gesamtverluste im Ackerbau vor 1939 auf ca. 2 Milliarden RM pro Jahr. Von der UdSSR werden für das Gebiet Woronesch im Jahre 1956 folgende Verluste durch Schädlinge und Krankheiten angegeben: durch die asiatische Getreidewanze ca. 25 (ohne Berücksichtigung der Qualitätsminderung), durch Zieselmäuse 10,3, durch Apfelwickler ca. 5, durch Brandkrankheiten 2,17 sowie durch Rübenderbrüßler und Rübenerdfloh etwa 16 Millionen Rubel. Der Aufwand an Geldmitteln für eine sachgerechte und entsprechende Bekämpfung soll ca. $^1/_{25}$—$^1/_2$ des Verlustes betragen. Andere Wissenschaftler der UdSSR haben errechnet, daß jeder für die chemische Bekämpfung eingesetzte Rubel wieder das Zehnfache einbringt. Derartige Angaben über Art und Ausmaß der im Kulturpflanzenanbau auftretenden Verluste sind wichtig u. a. für eine gelenkte Produktion der Pflanzenschutzmittelindustrie und für eine allgemeine Planung des Pflanzenschutzmittelbedarfes. Das Interesse für die Statistik über die Verbreitung von Krankheiten und Schädlingen und den dadurch verursachten Verlust nimmt von Jahr zu Jahr zu.

Im Kampf gegen die Verluste durch Pflanzenkrankheiten und Schädlinge ist und bleibt auch für die weitere Zukunft die schärfste Waffe der Einsatz chemischer Bekämpfungsmittel. In stetem Wachsen ist die Zahl der verschiedenen Bekämpfungsmittel begriffen, und unermüdlich wird in den Laboratorien der chemischen Pflanzenschutzmittelindustrie nach neuen Wirkstoffen für die verschiedensten Anwendungsgebiete geforscht.

Der ständig wachsende Einsatz chemischer Pflanzenschutzmittel spiegelt sich auch in den Ausgaben wieder, die hierfür im Laufe der Jahre aufgewendet wurden. Sie betrugen z. B. in Deutschland 1933/34 18 Millionen RM und stiegen 1937/38 auf 21 Millionen RM, während sie sich im Wirtschaftsjahr 1957/58 allein in Westdeutschland auf 140 Millionen DM beliefen, und auch in der DDR sind diese Ausgaben in entsprechendem Maße wesentlich gestiegen.

Stellt auch die Anwendung der chemischen Mittel im Pflanzenschutz eines der wirksamsten und gleichzeitig wirtschaftlichsten Verfahren dar, so werden doch wegen der auftretenden Nebenwirkungen Bedenken erhoben, die, wenn sie maßvoll und objektiv bleiben, in gewissem Sinne zu Recht bestehen.

Die Human- und Veterinärmedizin befürchten aus hygienischen Gründen, daß die Aufnahme des mit Pflanzenschutzmittelrückständen behafteten Erntegutes (Gemüse, Obst usw.) und Futters für die Gesundheit von Mensch und Nutztier nicht ohne Folgen bleiben kann, obgleich die Pflanzenschutzpräparate in vielen Fällen als ungiftig deklariert sind. Besondere Beachtung muß hierbei einigen chlorierten Kohlenwasserstoffen zugewendet werden, die infolge ihrer kumulativen Eigenschaften im Körper eine Anreicherung erfahren und somit gesundheitsschädigende Einflüsse auf den Organismus ausüben können. In Amerika, wo eine intensive und massierte Anwendung von chemischen Pflanzenschutzmitteln stattfindet, sind bereits diejenigen Rückstandsmengen ermittelt worden, die ein Ernteprodukt noch enthalten darf, um als hygienisch unbedenklich zu gelten. Es sind dies die sogenannten Toleranzwerte in ppm (1 : 1000000) ausgedrückt, die heute auch in eingehenden Untersuchungen bei uns und in anderen Ländern festgestellt werden. Ebenfalls aus hygienischen Gründen werden für den praktischen Einsatz von chemischen Pflanzenschutzmitteln Wartezeiten oder Karenzzeiten ermittelt, die angeben, wie groß der Zeitraum von der letzten Anwendung des betreffenden Pflanzenschutzmittels bis zur Ernte sein muß.

Weitere Einwände gegen den chemischen Pflanzenschutz werden von seiten der Biologie erhoben, indem man behauptet, daß durch die chemischen Bekämpfungsaktionen nicht nur die Schädlinge, sondern auch die im gleichen Kulturpflanzenbiotop lebenden Nützlinge (Raubinsekten oder Prädatoren und Parasiten) vernichtet oder niedergehalten werden. Jedoch ist in den meisten Fällen die Ansicht übertrieben, daß die Nützlinge auch ohne chemische Bekämpfung in der Lage wären, die Schadinsekten an ihrem Zerstörungswerk zu hindern. Dieses Ziel wird besonders dann nicht erreicht, wenn es durch besondere klimatische Umstände beim Schädling zur Massenvermehrung kommt und er die Zahl der Nützlinge weit übertrifft. Es können dann die letzteren die Schädlinge nicht niederhalten, die ohne den Einsatz chemischer Mittel die Ernte schmälern oder völlig vernichten würden. In diesem Zusammenhang besteht aber die Forderung zu Recht, den Einsatz chemischer Pflanzenschutzmittel auf Grund einer Prognoseforschung, bei verbessertem Warndienst und einer richtigen Wahl des Bekämpfungsmittels, so zu legen und zu lenken, daß einerseits die Nützlinge geschont werden oder, wie man zu sagen pflegt, das natürliche Gleichgewicht nach Möglichkeit nicht gestört und andererseits die unbedachte und überflüssige Anwendung chemischer Substanzen unterbunden wird. Um dieser Forderung gerecht zu werden, bedarf es einer eingehenden biologischen Forschung, die sich innerhalb eines Biotops (z. B. Kartoffelfeld, Obstgarten oder Getreidefeld u. a.) mit der Beziehung und Verknüpfung der Organismen miteinander beschäftigt. Der 4. Internationale Pflanzenschutzkongreß 1957 in Hamburg stellte innerhalb seiner Resolutionen die Aufgabe „Langfristige Grundlagenforschung über die natürlichen Abwehrkräfte der Biocönose gegen die Übervermehrung von Schädlingsarten, über die Einwirkung chemischer Bekämpfungsmaßnahmen auf Nützlinge und Schädlinge sowie über die Möglichkeiten der Berücksichtigung ökologischer Belange bei unvermeidlichen chemischen Pflanzenschutzmethoden zu betreiben".

Wie bereits erwähnt, wird die Schonung der Nützlingsfauna nicht nur durch eine termingerechte und gezielte Schädlingsbekämpfung gesichert, sondern auch durch die richtige Wahl des mit bestimmtem Wirkungsbereich ausgezeichneten Pflanzenschutzmittels, denn den höchsten Effekt erreicht man dann, wenn durch die Bekämpfungsaktionen nur der Schädling getroffen wird und seine natürlichen Feinde am Leben bleiben. Hiermit wird der Forschung in der Pflanzenschutzmittelindustrie nicht mehr das Arbeitsziel gesetzt, Pflanzenschutzmittel mit größtmöglicher Breitenwirkung insbesondere gegen Insekten herauszubringen, sondern es ist im Gegenteil anzustreben, selektiv oder spezifisch wirkende Verbindungen, die sich gegen ganz bestimmte Schaderreger richten, herzustellen. Es handelt sich hierbei nicht um ein utopisches Arbeitsziel, denn es gibt bereits Pflanzenschutzmittel mit beachtenswerter selektiver Wirkung, so z. B. das als Fraßgift wirkende Nirosan gegen Heu- und Sauerwurm im Weinbau, die bienenungefährlichen Insektizide Toxaphen und Thiodan und die spezifisch wirksamen Akarizide. Auch die systemischen Insektizide sind durch eine selektive Wirkung gekennzeichnet, denn sie richten sich vorwiegend gegen saugende Insekten.

Neben dem Pflanzenschutz mit chemischen Mitteln gibt es die biologische Schädlingsbekämpfung, worunter die spezifische Förderung oder der Einsatz von Lebewesen zur aktiven Bekämpfung schädlicher Tiere oder Pflanzen verstanden werden. Es handelt sich also darum, daß man die Nützlinge, d. h. die Feinde der Schädlinge, durch besondere Maßnahmen fördert (z. B. Vogelschutz) oder sie künstlich züchtet (z. B. *Prospaltella perniciosi* zur Bekämpfung der SJS-Läuse), um sie dann im Freiland auszusetzen. Auch aus anderen Ländern konnte man bereits Nützlinge einführen. Wenn auch die biologische Schädlingsbekämpfung beachtenswerte Erfolge aufzuweisen hat, so ist doch der Standpunkt, der von extremistisch Denkenden vertreten wird, völlig abwegig, daß die biologische Bekämpfungsmethode die unnatürliche und als notwendiges Übel angesehene chemische Bekämpfungsmethode allein ersetzen soll. Wer solche Ansichten vertritt, übersieht die Grenzen und Möglichkeiten der biologischen Methode und schadet ihr nur, denn die Vertreter dieser Ansichten scheinen es zu übersehen, daß z. B. die notwendig gewordenen Intensivierungsmaßnahmen der Landwirtschaft weitaus mehr dazu beigetragen haben, die natürlichen Lebensgemeinschaften (Biozönosen) zu beseitigen, als es je von seiten des chemischen Pflanzenschutzes her geschah.

Biologische und chemische Schädlingsbekämpfung schließen nicht notwendigerweise einander aus, sondern sie können gemeinsam zu gleichen Zielen gelangen. In den USA z. B. hat man zur Bekämpfung von Luzerneschädlingen selektiv wirkende chemische Mittel und Insektenvirosen zusammen eingesetzt.

Gemessen an den Erfolgen und dem Umfang des Einsatzes, nimmt der chemische Pflanzenschutz die vorherrschende Stellung ein. Die Notwendigkeit chemischer Pflanzenschutzmaßnahmen wird von BERAN (1959) treffend mit einer humorvollen Note charakterisiert. Er schreibt wörtlich: „Wenn wir davon absehen, daß in vielen Fällen nur arbeitstechnische und betriebstechnische Vorteile die Anwendung chemischer Pflanzenschutzmittel vorschreiben (z. B. Unkrautbekämpfung), so kann nicht eindringlich genug unterstrichen werden, daß der chemische Pflanzenschutz geradezu eine Existenzfrage für manche wichtige Zweige der Pflanzenproduktion ist und daß wir uns im Falle eines Verzichtes auf chemische Pflanzenschutzmittel nicht einmal mit einem Gläschen Wein mehr über die sich daraus ergebenden Folgen hinwegtrösten könnten, denn auch der Weinbau würde bei Unterbleiben der chemischen *Peronospora*- und *Oidium*-Bekämpfung zusammenbrechen.“

Zum Abschluß der allgemeinen Ausführungen sei noch folgendes erwähnt: Der mit der Technisierung und Intensivierung verbundene Übergang von der Kleinfeldwirtschaft zur Großflächenbewirtschaftung in der Landwirtschaft schafft für die Ausbreitung pilzlicher Erkrankungen und für die Insektenvermehrung durch ein reiches Angebot von Fraß- und Nährpflanzen die günstigsten Voraussetzungen. Diese Strukturwandlung im Ackerbau zwingt zu erhöhter Wachsamkeit und verlangt von den technischen Kräften des Pflanzenschutzes mehr denn je ein gesichertes Maß von Kenntnissen, damit für die Durchführung von Pflanzenschutzmaßnahmen eine ausreichende und sachgemäße Planung von Pflanzenschutzmitteln stattfindet und deren termingerechter, sinnvoller Einsatz gewährleistet ist. Diese Tatsache schließt wieder die Notwendigkeit in sich ein, daß der Verantwortliche für den Pflanzenschutz über die Eigenart und den Wirkungsbereich der in den Pflanzenschutzmitteln vorhandenen Wirkstoffe ausreichend orientiert ist.

B. SPEZIELLER TEIL

I. Der Wirkstoff und seine Zubereitungsformen (Stäube-, Streu-, Nebelmittel, Spritzpulver (wettable powder), emulgierbare Konzentrate usw.)

Der Wirkstoff oder die Wirkstoffe in einem Pflanzenschutzpräparat sind diejenigen Bestandteile, die den biologischen Effekt gegen die schadverursachenden Organismen der zu schützenden Pflanzen auslösen. Nur in den seltensten Fällen kommen die Wirkstoffe in unvermischter Form ohne irgendwelche Zusatzstoffe als Pflanzenschutzmittel zur Anwendung. Die Wirkungsintensität dieser biologisch aktiven Stoffe ist oft derart hoch, daß schon Bruchteile eines Millionstel Grammes genügen, um ein Schadinsekt zu töten. Von dem insektizid wirkenden Lindan (γ-HCH) genügen 150—200 g des reinen Wirkstoffes, um alle Kartoffelpflanzen der Ackerfläche eines Hektars vor Kartoffelkäferfraß zu schützen. Wenn es auch gelingt, das feste kristalline Lindan staubfein zu vermahlen, so ist es doch technisch für die Praxis undurchführbar, die 150 g des Wirkstoffes über die Fläche eines Hektars so zu verteilen, daß alle Pflanzen mit einem gleichmäßigen Stäubebelag versehen sind. Es muß also der Wirkstoff durch neutrale Zusatzstoffe gestreckt oder verdünnt werden, damit eine gleichmäßige Verteilung auf den zu schützenden Kulturpflanzen gewährleistet wird. Ist nun die biologisch wirksame Verbindung von öliger oder wachsähnlicher Beschaffenheit, dann wird eine Zubereitung mit Begleitstoffen nicht nur wegen der gleichmäßigen Verteilung, sondern auch wegen der Ausbringungsmöglichkeit mit Hilfe eines Gerätes notwendig.

Vom wirtschaftlichen Standpunkt ist zu fordern, daß die Streck- bzw. Verdünnungsmittel, deren Anteil bis zu 99% betragen kann, billig und in reichlichen Mengen zugänglich sind. Man hat daher einerseits Gesteinsmehle und andererseits Wasser gewählt, die die genannten Forderungen erfüllen.

Bei der Zubereitung mit Gesteinsmehl entstehen Stäubemittel, wenn das Streckmittel staubfein gemahlen wird, und es bilden sich Streumittel, wenn der Zusatzstoff eine feinkörnige, sandige Struktur hat. Sind die Wirkstoffe von fester oder kristalliner Beschaffenheit, so werden sie feinst vermahlen und mit dem Gesteinsmehl in einem Mischer innig vermengt. Hat die biologisch aktive Verbindung eine schmierige oder wachsartige Konsistenz, so kann sie entweder im heißen Zustand oder aber mit einem Lösungsmittel gelöst als dünnflüssiger Stoff auf das Gesteinsmehl während des Mischungsvorganges aufgedüst werden. Talkum, ihm ähnliche Pyrophyllite, Schiefermehl, Grauwackenmehle, Kaolin und Kreide sind u. a. die meist gewählten Zusatzstoffe. Talkum ($x\,MgO \cdot SiO_2 \cdot y\,H_2O$) und Talkum ähnliche Mineralmehle wie z. B. Pyrophyllit ($Al_2O_3\ xSiO_2\ yH_2O$) als Trägerstoffe weisen in ihrer Gitterstruktur zwischen den MgO- bzw. Al_2O_3-Flächen und den SiO_2-Flächen erhebliche Zwischenräume auf, in denen z. B. flüssige Wirkstoffe in großer Oberfläche adhäsiv gebunden werden können. Alkaliempfindliche Wirkstoffe verlangen naturgemäß Zusatzstoffe ohne freies Alkali. Zur Erhöhung der Haftfähigkeit und zur Erlangung einer guten Fließbarkeit, die das Zusammenballen des Präparates verhindert, werden als weitere Zusatzstoffe z. B. Fettsäuresalze beigegeben. Die Wirkung der Zusatzstoffe ist so zu wählen, daß u. a. eine gute Verstäubbarkeit, Haftfähigkeit und Siebfeinheit erzielt und außerdem eine Abrasion der Stäubedüsen am Gerät vermieden werden. Stäubemittel haben gegenüber den anschließend behandelten Spritzmitteln den Vorzug, daß sie sofort einsatzfähig sind und einen lästigen Wassertransport unnötig machen. Sie verdienen also besonders in wasserarmen Einsatzgebieten den Vorzug. Nachteilig sind bei ihnen die höheren Transportkosten bis zum Einsatzort, ihre leichte Abdrift durch den Wind und ihre geringere Haftfähigkeit, besonders bei aufkommenden Niederschlägen.

Den Streumitteln liegen z. B. schwere Schiefermehle mit grießiger Struktur zugrunde. Sie bedürfen nicht der Stäubefähigkeit. Zur Bekämpfung von Bodenschädlingen werden sie auf die zu schützende Fläche aufgestreut (Düngestreuer) und meist mit den bodenbearbeitenden Geräten in das Erdreich eingearbeitet.

Wie schon erwähnt, wird als Streck- bzw. Verdünnungsmittel Wasser angewandt. Zu diesem Zweck müssen die meist wasserunlöslichen Wirkstoffe eine Zubereitung erfahren, die eine feine Verteilung im Wasser in Form einer wäßrigen Emulsion oder Suspension ermöglicht. Im ersten Falle wird ein emulgierbares Konzentrat mit hohem Wirkstoffanteil (20—60%) bereitet, das in der Rezeptur neben Lösungsmitteln für den Wirkstoff, wie Toluol, Xylol, Solvatol, Mineralöle, Petroleum, Di- und Trichloräthylen, Chloroform, Tetrachloräthan u. a. noch Emulgatoren enthält, z. B. Fettalkoholsulfate, Alkylarylsulfonate, oxäthylierte Alkylphenole u. a. Im zweiten Falle werden die Wirkstoffe zu Spritzpulvern, benetzbaren Pulvern (wettable powders) formuliert. Zu diesem Zweck wird der Wirkstoff mit leicht in Wasser schwebbaren Trägerstoffen vermahlen, wie Kaolin, Bentonit (mit dem Hauptbestandteil eines Minerales vulkanischen Ursprunges der Formel $Al_2[Si_4O_{10}](OH)_2 \cdot n\ H_2O$) Kieselgur, Silipur und Aerosil (synthetische Kieselsäureprodukte). Außerdem werden Netzmittel (z. B. Fettalkoholsulfate und Alkylsulfonate), Schutzkolloide, z. B. Sulfitablauge und Enthärter in Form komplexer Phosphorsäureverbindungen, als Zusatzstoffe gewählt. Nach einer Aufteilung des Spritzpulvers in Wasser fordert man, daß nach der Bestimmungsmethode von Zeumer (1954) gemäß einer Normenkurve nach einer Stunde noch 65% des Präparates sich in der Schwebe hält. Hochkonzentrierte Spritzpulver (50–90%) sind für das Sprühverfahren geeignet. Das für die Zubereitung einer Spritzbrühe-Suspension benötigte Wirkstoffkonzentrat wird statt in Pulverform, auch in Paste formuliert. Pasten sind wäßrige Suspensionskonzentrate unlöslicher, fester Wirkstoffe, die durch Mahlprozesse so fein aufgeteilt werden, daß sie bei der Brühebereitung gut schweben. Mit Hilfe von Verdikkungsmitteln (Alginate, Methylzellulosen) findet ein Anteigen mit Wasser zu einer sorgfältig homogenisierten, mit hohem Wirkstoffanteil (50% und mehr) versehenen, pastenförmigen Substanz statt. Stabilisatoren, Netz- und Haftmittel werden zugegeben.

Nach dem Aerosol- oder Nebelverfahren wird der Wirkstoff in leicht flüchtigen Lösungsmitteln gelöst. Nebelgeräte treiben mit Hilfe von Preßluft die hochkonzentrierten Lösungen durch Düsen heraus. Das Lösungsmittel verdunstet fast vollkommen, und es entstehen Nebeltröpfchen einer übersättigten Lösung, die sich allmählich auf die zu schützenden Objekte absetzen und Beläge mit guter Haftfähigkeit und Regenbeständigkeit bilden (Kaltnebelverfahren). Wirkstofflösungen oder der Wirkstoff selbst (z. B. γ-HCH) können durch die heißen Auspuffgase eines Motors zur Verdampfung gebracht werden, wobei in der Luft feinste Wirkstoffteilchen als Kondensationsnebel entstehen (Heißnebelverfahren). Eine Mittelstellung zwischen dem Kalt- und Heiß-Nebelverfahren nimmt die Anwendung des Schwingfeuergerätes ein. Hier wird eine wirkstoffhaltige Nebellösung ohne brennbare Bestandteile in einem Schwingrohr durch schnell aufeinanderfolgende Druckschwingungen, die von einer Brennkammer ausgelöst werden, zu feinsten Tröpfchen zerrissen und ausgestoßen. Zu erwähnen sind noch die sogenannten Treibgas-Aerosole. In Druckgefäßen aus Metall oder Glas wird der Wirkstoff in niedrig siedenden Chlor-Fluor-Kohlenwasserstoffen, die man als Freone bezeichnet, oder in anderen Lösungsmitteln gelöst. Die niedrig siedenden, d. h. unter Normaltemperatur siedenden Mittel erzeugen im Gefäß einen Druck, und beim Öffnen eines Ventils wird der Inhalt einschließlich des Wirkstoffes als fein verteilter Sprühschleier hinausgetrieben. Während dieses Verfahren früher vorwiegend nur bei Hygieneschädlingen angewandt wurde, dient es heute schon zur Bekämpfung von Schädlingen und pilzlichen Erkrankungen in Gewächshäusern und Gärten, besonders in Heim- und Hausgärten und an Zimmerpflanzen. Bei Räuchermitteln in Form von Schwelmischungen, die es neben dem Wirkstoff aus Aktiv-Kohle bzw. Urotropin (Hexamethylentetramin) und Ammoniumnitrat u. a. gibt, wird durch thermische Zersetzung ohne Flammenerscheinung der Wirkstoff zum Verdampfen gebracht, wobei allerdings der Hitzeeinfluß einen gewissen Teil des Wirkstoffes zersetzt.

Der Einsatz des Flugzeuges im Pflanzenschutz bringt insektizide Wirkstofformulierungen als sogenannte Aero-Sprühmittel zur Anwendung. Dem Wirkstofflösungsmittelgemisch wird als Trägerstoff meist Diesel- oder Spindelöl beigegeben. In dieser Form genügen Aufwandmengen von 3—10 l/ha. Für die Ausbringung von Herbiziden und Fungiziden werden im Flugzeugeinsatz sogenannte Invertemulsionen gewählt, die es ermöglichen, mit Aufwandmengen von 30—40 l/ha Spritzbrühe zur Behandlung der Kulturen auszukommen. Eine weitere Zubereitungsform des Wirkstoffes stellen die Ködermittel dar. Hier wird die biologisch aktive Verbindung nach Möglichkeit mit einem vom Schadtier bevorzugten Nahrungsstoff (z. B. Kleie) vermengt. Maulwurfsgrille, Ameisen, Erdraupen, Schnecken und Nagetiere werden mit Ködermitteln bekämpft.

Prophylaktisch versieht man die Saat mit insektizidhaltigen Inkrustierungsmitteln und Saatgutpudern, um die sich bildenden Keim- und Jungpflanzen vor Insektenbefall (Zwiebelfliege, Möhrenfliege, Bohnenfliege, Rapserdfloh, Drahtwurm u. a.) zu bewahren. Diesen mit höherem Wirkstoffgehalt zubereiteten staubförmigen Produkten wird oft auch ein Klebemittel (z. B. Methylzellulose) beigegeben.

Eine besondere Formulierung erfahren vorwiegend quecksilberhaltige Fungizide als sogenannte Beizmittel, wobei Trocken-, Naß- und Feuchtbeizen unterschieden werden. Bei den Trockenbeizen ist der mengenmäßig überwiegende Teil der Trägerstoff, mit mehr als 90% bestehend aus Gesteinsmehlen (Schiefermehl, Talkum). Als Wirkstoff überwiegen organische Quecksilberverbindungen, die infolge ihrer Toxizität noch einen roten Farbstoff als Warnzeichen verlangen. Ein Anteil z. B. an Spindelöl setzt das Stäuben beim Beizvorgang herab und erhöht gleichzeitig die Haftfähigkeit. An den Naßbeizen können z. B. als Zusatzstoffe ein m.-Silikat-Soda-Gemisch und calc. Soda zusammen ebenfalls mit über 90% beteiligt sein. Die Feuchtbeize ist eine angefärbte, wäßrige Lösung der organischen Alkyl-Quecksilberverbindungen. Das Gewicht der zur Beizung des Getreides eingesetzten Flüssigkeitsmenge entspricht dem der Trockenbeize, wobei der Verteilungsgrad der relativ kleineren Flüssigkeitsmenge auf dem zu beizendem Korn jetzt wohl auch zufriedenstellend gelöst ist.

Abschließend kann zu diesem Abschnitt gesagt werden, daß die Zubereitung des Wirkstoffes zu einem für die Praxis geeigneten Präparat ein sehr wichtiges Gebiet ist, dessen Arbeitsziel es in einem Formulierungslabor sein muß, die Wirkungsintensität des biologischen Agens für den vorgesehenen Verwendungszweck durch eine geeignete Wahl und Zubereitung der neutralen Zusatzstoffe auf das höchste Maß zu steigern.

II. Fungizide

Die Bedeutung des Wortes Fungizid leitet sich vom Lateinischen ab, und zwar von fungus, der Pilz, und von caedo, ich töte. Ein Pilz ist eine niedere Pflanze ohne Chlorophyll. Das Fehlen des Blattgrüns macht ihn vom organischen Substrat abhängig, das als Nahrungs- und Energiequelle dient. Der Pilz ist wie das Tier ein Energieverbraucher und nicht wie die grüne Pflanze ein Energielieferant. Die krankheitserregenden oder phytopathogenen Pilze leben entweder als Ektoparasiten mit ihrem Pilzmyzel außen auf den Pflanzenteilen (Mehltaupilze) oder als Entoparasiten, indem das Pilzmyzel die Interzellularräume des Gewebes durchwuchert oder in die Zellen des Gewebes eindringt (Kohlhernie, Kartoffelkrebs).

Die Übertragung der Pilze auf die Wirtspflanzen geschieht rein passiv, d. h. durch Wind und Wasser, es werden z. B. die Verbreitungs- oder Vermehrungsorgane in Form der Pilzsporen, seltener einzelne Myzelstücke oder Dauermyzelien übertragen. Auch durch den Boden oder durch Mensch und Tier kann eine Infektion stattfinden. Die Verbreitung ist ferner durch das Haften von Pilzsporen an oder unter der Samenschale, an der Frucht oder sonstigen Teilen möglich.

Eine chemische Verbindung ist als Fungizid zu bezeichnen, wenn auf ihre Einwirkung hin der Pilz weder wachsen noch sich fortpflanzen kann. Nimmt aber der Pilz das Wachstum wieder auf, wenn z. B. die chemische Verbindung durch Wasser wieder entfernt wird, so spricht man von einer fungistatischen Wirkung der Verbindung.

Die beiden Arten der Wirkung eines Fungizids zur Pilzbekämpfung sind erstens schützender oder vorbeugender (prophylaktischer) und zweitens therapeutischer, curativer oder heilender Natur. Im ersten Falle werden der Pilz oder die Pilzsporen abgetötet, bevor die Wirtspflanze angegriffen werden kann, und im zweiten Falle muß der parasitische Pilz noch abgetötet werden, wenn er bereits in das Gewebe der Pflanze eingedrungen ist. Interessant in diesem Zusammenhang ist, daß der griechische Dichter Homer schon von dem pestvorbeugenden Schwefel spricht und somit das große und wichtige Prinzip der Prophylaxe erkannt hat.

Nach HORSFALL (1956) dienen 99,4% der verbrauchten Fungizide der vorbeugenden Behandlung. Die Pilzbekämpfung mit chemotherapeutischen oder curativ wirkenden Mitteln ist ein Gebiet der angewandten Mikrobiologie, das sehr intensiv bearbeitet wird. Innertherapeutische oder systemische Fungizide aufzufinden, bereitet naturgemäß mehr Schwierigkeiten als im Falle der systemischen Insektizide, denn ein Insekt unterscheidet sich von der Wirtspflanze physiologisch weitaus mehr als ein pilzlicher Schadorganismus. Den organischen Quecksilberverbindungen ist eine therapeutische bzw. curative oder heilende Wirkung zuzusprechen. Sie töten bei ihrer Anwendung im Obstbau den Schorfpilz noch nach 3—4 Tagen nach der Infektion ab. Die im Pflanzenschutz angewandten Bekämpfungsmittel sind vorwiegend die prophylaktisch wirkenden, sogenannten Residualfungizide, die, auf die Wirtspflanze appliziert, für eine gewisse Zeit eine schützende Schicht bilden und zufliegende Pilzsporen an der Keimung hindern und abtöten. Werden durch den Einfluß chemischer Verbindungen z. B. die Pilzsporen schon vor dem Erreichen der Wirtspflanze abgetötet, so spricht man von Kontaktfungiziden. Durch den Anteil des Hexachlorbenzols in den quecksilberhaltigen Beizen, dem eine Gaswirkung eigen ist, werden die im Boden in der Nähe des keimenden, gebeizten Saatgutes befindlichen Sporen abgetötet.

Ein Residualfungizid muß eine hohe Haftfähigkeit haben, um nicht vom Regenwasser abgespült zu werden. Es muß gegen hydrolytische Spaltung ebenso wie gegen physikalische Faktoren, z. B. Erosions- oder Lösungsvorgänge, widerstandsfähig sein. Gegenüber den Oxydationserscheinungen und bei Gegenwart des Sonnenlichtes muß es stabil sein. Es ist daher nicht verwunderlich, daß die heute in Tonnenmengen verkauften Residualfungizide an den Fingern der beiden Hände abzuzählen sind. Fungizide Spritzmittel sind im allgemeinen wirksamer als Stäubemittel. Bei den Stäubemitteln ist das fungizide Agens nicht so fein verteilt und die Haftfähigkeit geringer als bei einem Spritzmittel, was besonders für ein Residualfungizid Bedeutung hat. Wie bei den Insektiziden basierten in den früheren Jahren die Fungizide des Pflanzenschutzes auf anorganischen Verbindungen. Durch organisch-synthetische fungizide Wirkstoffe sind sie in neuester Zeit ergänzt worden, sie haben u. a. den Vorzug einer geringeren Phytotoxizität. Die Suche nach neuen synthetisch-organischen Fungiziden, die evtl. auch die hochgiftigen quecksilberhaltigen Beizmittel als Universalbeizen ersetzen könnten, ist ein wichtiges Forschungsgebiet der chemischen Pflanzenschutzmittelindustrie.

1. Metallhaltige Fungizide

Die fungizide Aktivität von Metall-Kationen fällt in folgender Reihe: Ag→Hg→Cu→Cd→Cr→Ni→Pb→Co→Zn→Fe→Ca. Danach steht Kupfer neben Silber und Quecksilber an dritter Stelle und weist nach HORSFALL 1956 u. a. folgenden Wirkungsmechanismus auf: Die Zellwand des Pilzes setzt sich aus Chitin und der semipermeablen Membran zusammen, die mit einem Protein-Lager umgeben ist. Diese beiden Substanzen bieten manchem Anion an der Oberfläche Plätze, die durch giftige Metall-Kationen inaktiviert werden können. In der normalen Zelle sind jene Plätze von nichttoxischen Kationen, wie Wasserstoff, Kalzium, Magnesium und Kalium, eingenommen. Die toxischen Kationen ersetzen vermutlich die zuvor genannten durch einen Wechsel der Basen. Tatsächlich ist gezeigt worden, daß Kupfer imstande ist, Kalzium, Magnesium und Wasserstoff in den Poren von Pilzen zu ersetzen. Es gibt noch andere Theorien, die die fungizide Wirkung der Metalle zu erklären versuchen.

a) Kupferhaltige Fungizide. Gegen die falschen Mehltaupilze werden die kupferhaltigen Mittel noch von keinem anderen Mittel übertroffen. Die Entdeckung der fungiziden Wirkung der Kupfermittel ist auf einen eigenartigen Verwendungszweck zurückzuführen. Um die an den Wegen liegenden Rebstöcke vor Diebstahl zu schützen, wurden sie in der Landschaft Medoc mit einem in Wasser gelösten Gemisch von Schweinfurter Grün, einer kupfer-arsenhaltigen Verbindung, und Kalk besprengt.

Später bediente man sich zu diesem Zweck des billigeren Kupfervitriols und Kalks. Als ein starker *Peronospora*-Befall auftrat, konnte man beobachten, daß die mit den Kupferverbindungen behandelten Rebstöcke gesund blieben. Die Kupferkalkbrühe wird auch Bordeaux-Brühe genannt. Zur Bereitung dieser Brühe läßt man im Verhältnis 1 : 1 eine 2%ige $CuSO_4 \cdot 5\,H_2O$-Lösung in eine 1%ige Löschkalkbrühe $Ca(OH)_2$ langsam einfließen. In Weinbaugebieten findet diese Brühe heute noch Anwendung, denn sie besitzt eine gute Haftfähigkeit auf dem Blatt und ist regenbeständig.

Vorwiegend werden heute die Kupferoxychlorid-Mittel ($CuCl_2 \cdot 3\,CuO \cdot H_2O$), auch als Grünkupfermittel bezeichnet, und die Kupferoxydul-Mittel (Cu_2O) mit der Bezeichnung Rotkupfermittel angewandt. Mit den Kupferoxychlorid-Mitteln wird eine Kupferersparnis von ca. 50% erzielt, sie enthalten 45—50% Kupfer. Die Kupferoxydul-Präparate können bis zu 70% Cu enthalten.

Da mit der Behandlung erhebliche Cu-Mengen für immer verlorengehen, ist man bemüht, sogenannte Kupfersparmittel zu entwickeln, z. B. aktiviertes Kupferhydroxyd ($Cu\,(OH)_2$) oder Cu-Salze höhermolekularer organischer Verbindungen, z. B. Kupfer-8-oxychinolin $Cu\,(C_9H_6NO)_2$.

Mit den Kupfermitteln werden neben der *Peronospora* die *Phytophthora* an Kartoffeln und Tomaten, die *Cercospora* (Blattfleckenkrankheit) an Rüben und *Septoria* an Sellerie, ebenfalls eine Blattfleckenkrankheit, bekämpft. Kupferstäubemittel wendet man im Gartenbau gegen den Falschen Mehltau an Aufzuchten unter Glas an. Zur Schorfbekämpfung im Obstbau verlieren sie wegen ihrer phytotoxischen Nebenwirkung immer mehr an Bedeutung. Für die Karenzzeit bestehen keine besonderen Vorschriften.

Zur gleichzeitigen Bekämpfung des Echten Mehltaues (*Oidium*) wird Kupfer mit Schwefel kombiniert, außerdem gibt es Kombinationen mit organischen Fungiziden und auch mit Insektiziden.

In der DDR sind im Handel: Spritz-Cupral 45 (Kupferoxychlorid), Spritz-Combi-Cupral (Kupferoxychlorid + DDT) vom VEB Nickelhütte Aue.

b) Quecksilberhaltige Fungizide. Die das sehr giftige Metall Quecksilber enthaltenden Fungizide finden hauptsächlich Verwendung als Saatbeizmittel, und zwar als Universalbeizmittel des Getreides gegen vier sehr wichtige Krankheiten: Weizensteinbrand (*Tilletia tritici*), Schneeschimmel (*Fusarium nivale*), Haferflugbrand (*Ustilago avenae*) und die Streifenkrankheit der Gerste (*Helminthosporium gramineum*). Die einfachste Hg-Verbindung, die von HILTNER 1907 (zit. FÜRST 1959) als Tauchbeize zur Bekämpfung des Schneeschimmels an Roggen eingesetzt wurde, war das Quecksilberchlorid ($HgCl_2$) als 0,1%ige Sublimatlösung.

In der Folgezeit wurde das wirksame Hg in organisch synthetische Verbindungen eingebaut, wobei im Vergleich zum Sublimat der Hg-Gehalt herabgesetzt und die Verträglichkeit gegenüber der Getreidesaat erhöht wurden. Die ersten dieser Art waren das Chlorphenol- und das Nitrophenolquecksilber. Zwei weitere organische Quecksilberverbindungen, die z. B. in den bekannten Saatbeizmitteln „Ceresan“ und „Germisan“ als Wirkstoff enthalten sind bzw. waren, gehören zu den sogenannten Aryl-Quecksilberverbindungen, z. B. das Phenylquecksilberacetat mit der Strukturformel:

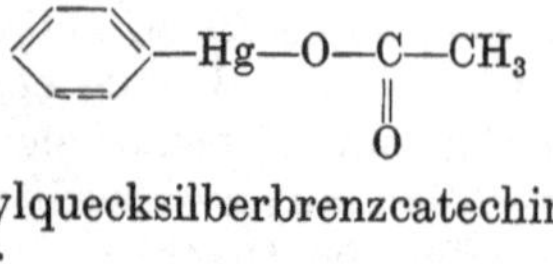

und das Phenylquecksilberbrenzcatechin mit folgender Strukturformel:

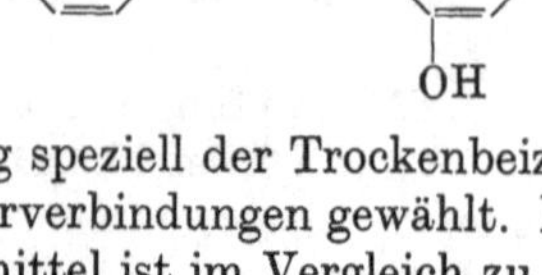

Zur Bereitung speziell der Trockenbeizen werden auch Alkylquecksilberverbindungen gewählt. Der Quecksilbergehalt im Beizmittel ist im Vergleich zu den Arylverbin-

dungen von 2,5 auf 1% gesenkt. In bezug auf einen Quecksilberimport ist der geringe Hg-Gehalt der Alkyl-Hg-Beizen von wirtschaftlichem Interesse. Ist die Giftigkeit der Alkyl-Hg-Beizen gegenüber Warmblütlern infolge eines höheren Dampfdruckes auch am höchsten, so ist doch ihre biologische Aktivität am stärksten. In den Beizmitteln sind folgende Alkyl-Hg-Verbindungen als Wirkstoffe verwandt worden: Äthylquecksilberchlorid (C_2H_5–Hg–Cl), die Doppelverbindung Äthylquecksilberchlorid und Äthylendiamin: (NH_2–CH_2–CH_2–NH_2) · (C_2H_5 –Hg–Cl), Di-(methoxyäthyl-Hg)-acetylid:
CH_3–O–C_2H_4–Hg–C
$\equiv$
CH_3–O–C_2H_4–Hg–C, Methoxyäthylquecksilberchlorid: (CH_3–O–C_2H_4–Hg–Cl), Methoxyäthylquecksilbersilikat: (CH_3–O–C_2H_4–HgO–$)_3$Si=O und das Äthylquecksilberphosphat: (C_2H_5–Hg–$)_3PO_4$.

Wie bereits auf Seite 19 erwähnt, gibt es neben der Trocken- und Naßbeize auch eine sogenannte Feuchtbeize. Ein für dieses Beizverfahren entwickeltes Präparat ist das Panogen, das sich des Methyl-Hg-Dicyandiamids als Wirkstoff bedient, mit folgender Struktur, die in gewissem Sinne theoretischer Natur ist:

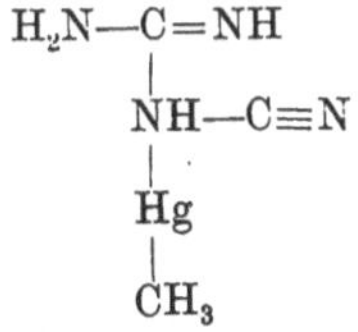

Der Hg-Gehalt ist im Präparat auf 0,8% gesenkt. Das besondere Anwendungsverfahren setzt die Flüchtigkeit der Methyl-Verbindung herab und schließt die gefahrbringende Staubentwicklung einer Trockenbeize aus.

Außer als Beizmittel des Getreides finden die Hg-Fungizide auch als Beizmittel der Rübensaat zur Bekämpfung des Wurzelbrandes und der Blattfleckenkrankheit (*Cercospora*) Verwendung. Unter besonders zu beachtenden Anwendungsvorschriften können auch die Hg-Beizen für Gemüse-

und Zierpflanzensämereien eingesetzt werden. Hinsichtlich des letzteren Anwendungsgebietes genießen die organischen Fungizide in neuerer Zeit immer mehr den Vorzug.

Ein weiteres Anwendungsgebiet der Hg-Beizen erstreckt sich auf die Bodendesinfektion. So können mit einer Desinfektion der Erde in Saat- und Pikierbeeten sowie in Anzuchtbeeten oder auch bei der Behandlung der Sämlinge und Jungpflanzen Krankheiten, wie Schwarzbeinigkeit, Umfallkrankheit, Tomatenstengelfäule, Salatfäule, Kohlhernie u. a. bekämpft werden.

Zur Vergrößerung der Wirkungsintensität und der Anwendungsbreite werden die Hg-Beizen mit anderen Wirkstoffen kombiniert. Durch Zusätze von Hexachlorbenzol oder Pentachlornitrobenzol wird die Wirkung gegen den Weizensteinbrand verstärkt, weil auch die in der Nähe des Samenkornes im Boden befindlichen Steinbrandsporen abgetötet werden. Durch das Mähdruschverfahren ist die Verseuchung des Bodens mit Steinbrandsporen besonders stark. Die Kombination mit den Insektiziden Lindan, Aldrin oder Dieldrin gewährt einen Bekämpfungseffekt gegen Drahtwurmfraß, in gewissem Grade auch gegen Frit- und Brachfliegenbefall und gegen die Bohnenfliege. Bei den Hg-Beizen mit den genannten Insektiziden ist die Beizung auf Vorrat noch zu klären.

Neuerdings finden die Hg-Fungizide als Spritzmittel vor der Blüte im Obstbau zur Schorfbekämpfung Anwendung. Hierbei zeichnen sie sich durch eine curative Wirkung aus, auf die bereits auf Seite 21 hingewiesen wurde. Da sie bienenungefährlich sind, können sie auch in die Blüte gespritzt werden. Infolge der hohen Giftigkeit der Hg-Verbindungen ist der Toleranzwert = 0.

Folgende Hg-Fungizide sind im Handel: Falisan-Saatgut-Naßbeize, Falisan-Universal-Trockenbeize, Gamma-Falisan-Universaltrockenbeize (mit Lindan-Wirkstoff), HB-Falisan-Universal-Trockenbeize (mit Hexachlorbenzol) und „Obstbaumspritzmittel Fahlberg“, vom VEB Fahlberg-List, Magdeburg.

c) Zinnhaltige Fungizide. Hier liegt bisher nur eine Verbindung vor, die im westdeutschen Präparat Brestan enthalten ist. Chemisch ist der Wirkstoff ein Triphenylzinnacetat mit der Strukturformel:

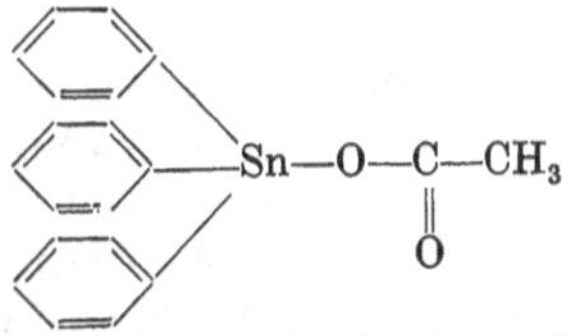

Die akute Toxizität ist oral mit einem LD 50-Wert von 125 mg/kg Ratte gekennzeichnet. Der Wirkstoff ist bienenungefährlich.

Erfolge sind erzielt worden bei der Bekämpfung der *Cercospora* bei Rüben, der *Phytophthora* bei Kartoffeln und der *Septoria* bei Sellerie. Auch gegen Rostpilze besteht eine Wirksamkeit. Bei der Behandlung des Sellerie und der Rübenblätter beträgt die Karenzzeit 42 Tage.

2. *Schwefelhaltige Fungizide*

Über die fungizide Wirkung des an sich ungiftigen Schwefels bestehen mehrere Theorien. So besagt die „Schwefeldioxyd-Theorie", daß der dünne Schwefelbelag auf der Pflanze durch die Atmosphärilien zu SO_2 und auch zu SO_3 oxydiert wird. Daneben tritt noch die Bildung von H_2S auf. Aus der Wechselwirkung von H_2S und SO_2 resultiert eine Pentathionsäure. Alle aus dem Schwefel außerhalb der Zelle gebildeten Stoffe dringen in die Zelle der Pilzsporen ein und wirken fungizid.

Nach der Schwefelwasserstoff-Theorie wird der elementare Schwefel infolge seiner Fettlöslichkeit durch die Lipoide der Plasmahaut in das Zellinnere aufgenommen. Hier in der Zelle wird durch Reduktion des Schwefels zu H_2S die fungizid wirksame Verbindung gebildet. Während also nach der einen Theorie die pilztötenden Stoffe außerhalb der lebenden Zelle gebildet werden, wird die Entstehung der toxischen Verbindung nach der anderen Theorie in das Zellinnere verlagert.

Eine weitere Theorie besagt, daß der Schwefel selbst toxisch ist. Er dringt in die Zelle ein, und seine schädliche Wirkung beruht darauf, daß er die normalen Stoffwechselprozesse stört, indem er das ursprünglich vorhandene Gleichgewicht zwischen Wasserstoffgeber und -nehmer aufhebt. Schwefel selbst ist ein Widersacher des normalen Stoffwechselgeschehens. Der Pilz kann nicht unterscheiden zwischen Sauerstoff, den er gebrauchen, und zwischen Schwefel, den er nicht gebrauchen kann. So wurde an *Fusarium* gezeigt, daß Sauerstoff und Schwefel verwechselt werden und während der Fermentreaktion nicht Wasser (H_2O), sondern Schwefelwasserstoff (H_2S) gebildet wird.

a) **Schwefelkalkbrühe** als das älteste Schwefelpräparat ist in manchen Pflanzenschutzmittelverzeichnissen nicht mehr aufgeführt und hat daher nur noch historisches Interesse. Es stellt ein Gemisch von Calciumpolysulfiden dar (CaS, CaS_5 u. a.).

b) **Bariumpolysulfid (BaSx)** spielt als Schwefelpräparat ebenfalls nur noch eine untergeordnete Rolle. Es hat den Vorzug, schon bei verhältnismäßig niedrigen Temperaturen wirksam zu sein, und wurde deshalb zur Vorblütespritzung gewählt.

c) **Stäubeschwefel** ist gemahlener Schwefel, der von gröberen Teilen durch die Windsichter oder durch Siebe befreit wird. Im letzteren Falle wird er durch feine Gaze geblasen (Ventilatorschwefel). Stäubeschwefel wird im Weinbau zur Bekämpfung des Echten Mehltaues (*Oidium*) und gegen andere Echte Mehltaupilze angewandt.

d) **Kolloidschwefel** ist ein Präparat von kolloider Teilchengröße, mit dem es gelingt, die Blattoberfläche in feinster Verteilung möglichst homogen zu bedecken. Zur Gewinnung wird der Schwefel in Kolloidmühlen feinst vermahlen oder auf nassem Wege aus S-haltigen Verbindungen chemisch kolloidal gefällt. Durch Zugabe von sogenannten Schutzkolloiden, die das Zusammenballen verhindern, kommt der Kolloidschwefel als Paste oder in pulvriger Form mit 50% S in den Handel.

c) **Netzschwefel** ist das heute am häufigsten gebrauchte Präparat des Schwefels. Im Verein mit Schutzkolloiden und Netzmitteln wird der Schwefel in explosionsgeschützten Mühlen feinst vermahlen und in Spezialapparaturen (Zerstäubungstrockner) getrocknet. Der Netzschwefel enthält 60–95% S und ist ein benetzbares Pulver, das sich in Wasser selbsttätig aufteilt und eine homogene Brühe kolloidalen Schwefels ergibt. Die aus ihm bereitete Spritzbrühe ist wirksam gegen Schorf im Obstbau vor der Blüte (0,5–0,75%ig) und nach der Blüte (0,2–0,4%ig), gegen Echten Mehltau (0,2–0,5%ig), im Weinbau vorbeugend wie auch während des Befalles, gegen andere Echte Mehltaupilze im Obstbau (Apfelmehltau, Amerikanischer Stachelbeermehltau), im Gemüsebau (Gurken, Schwarzwurzeln), im Zierpflanzenbau (Rosen), im Forst (Eichenmehltau), gegen die Kräuselkrankheit der Rebe (Kräuselmilben). Eine Wirkung läßt sich auch gegen die Rote Spinne bemerken, die aber nicht mit der der Akarizide zu vergleichen ist. In Kombination mit Kupfer wird die Schorfbekämpfung erhöht und im Verein mit organischen Fungiziden der Wirkungsbereich entsprechend erweitert.

Alle Schwefelpräparate sind bienenungefährlich, aber auf eine Verbrennungsgefahr besonders im Zierpflanzenbau ist zu achten. Für die Karenzzeit bestehen keine besonderen Einschränkungen.

Die in der DDR im Handel befindlichen Schwefelpräparate sind: Sulfex (VEB Farbenfabrik Wolfen) und Netzschwefel „Fahlberg" (VEB Fahlberg-List, Magdeburg).

3. Organisch-synthetische Fungizide

Die bisher besprochenen anorganischen Fungizide können nicht uneingeschränkt zum Einsatz gelangen, da sie nur unter besonderen Bedingungen anwendbar und speziell gegen bestimmte Obstarten und manche Zierpflanzenarten pflanzenschädigend sind. Diese Unvollkommenheit in der Praxis des Pflanzenschutzes konnte durch die organisch-synthetischen Fungizide, die das Produkt intensiver Forschungsarbeit der chemischen Pflanzenschutzmittelindustrie sind, in den meisten Fällen behoben werden. Sie genießen den Vorzug, für Warmblütler nahezu ungiftig zu sein, sie sind bienenungefährlich und pflanzenverträglich.

a) Thiocarbamate. Diese schwefelhaltigen Fungizide sind Salze der Dimethyldithiocarbaminsäure und der Äthylen-bis-dithiocarbaminsäure. Sie besitzen ein großes Wirkungsspektrum gegen Pilzkrankheiten. Mit Thiocarbamaten gespritztes Futter ruft bei Hühnern Vergiftungserscheinungen hervor (Durchfall und Legen schalenloser Eier). Die Karenzzeit beträgt 7 Tage, nur im Gemüsebau begnügt man sich mit 3 Tagen. Folgende Wirkstoffe gehören zu dieser Gruppe: Zineb*, ein Zinksalz der Äthylen-bis-dithiocarbaminsäure, hat die Strukturformel:

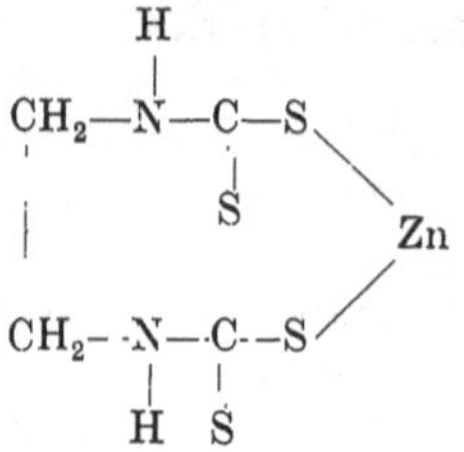

Die akute orale Warmblütlertoxizität (LD 50) ist bei Ratten größer als 5200 mg/kg. Zineb ist wirksam gegen *Fusicladium* im Obstbau, *Phytophthora* im Kartoffelbau, *Peronospora* und Roten Brenner im Weinbau, *Cercospora* im Rübenbau, Braunfleckenkrankheit der Tomate, Brennfleckenkrankheit der Bohne, Falsche Mehltaupilze im Gemüsebau, Rostkrankheiten, speziell Chrysanthemenrost im Zierpflanzenbau. Zineb erweist sich auch gegen Umfallkrankheiten im Gemüse- und Zierpflanzenbau bei vorbeugender Behandlung als erfolgreich, wenn Saatbeete und Anzuchtkästen nach der Saat überbraust werden. Gegen Fruchtschorf ist Zineb wirksamer als gegen Blattschorf. Im Forst ist die Wirkung gegen die

Kiefernschütte besser als bei Kupferpräparaten. Von allen Fungiziden hat Zineb die beste Wirkung gegen den Tabakblauschimmel (*Peronospora tabacina*). Beachtenswert ist auch die blatt- und fruchtfärbende Wirkung der Zineb-Präparate. Zineb scheint auf das Geflügel keinen Einfluß auszuüben.

Ferbam* ist ein Eisensalz der Dimethyldithiocarbaminsäure mit folgender Struktur:

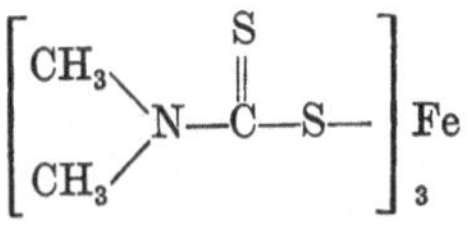

Die orale akute Warmblütlertoxizität (LD 50) beträgt bei Mäusen 1000 mg/kg. Die Dosis 17000 mg/kg Futter tötete von 10 Ratten nur eine.

Tulpen-*Botrytis* (Tulpenfeuer) und die Stengelfäule der Gurke (*Sclerotinia*-Fäule) sollen zwei spezifische Anwendungsbereiche des Ferbams sein. Das Hauptanwendungsgebiet liegt gegen *Fusicladium* vor.

Ziram* ist ein Zinksalz der Dimethyldithiocarbaminsäure mit der Strukturformel:

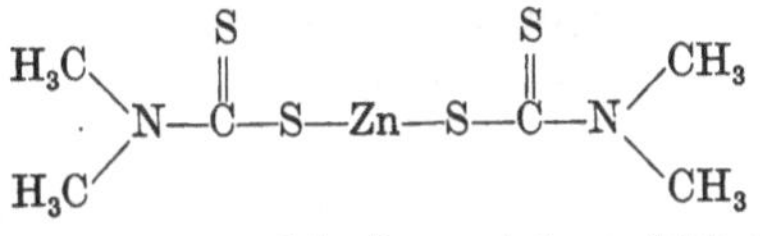

Die akute orale Warmblütlertoxizität (LD 50) beträgt bei Ratten über 500 mg/kg.

Ziram findet hauptsächlich neben der Bekämpfung gegen *Fusicladium* noch gegen Reben-*Peronospora* seine Anwendung. Der Vollständigkeit halber seien noch zwei weitere Thiocarbamate genannt, und zwar das Natrium- bzw. das Mangan-Salz der Äthylen-bis-dithiocarbaminsäure. Die Struktur vergleiche mit der des Zinebs. In einem Falle ist statt des Zn ein Mn einzusetzen, und im Falle des einwertigen Natriums trägt jedes S ein Na. Das Mangansalz wird Maneb* genannt und das Natriumsalz Nabam*.

An Thiocarbamat-Präparaten stehen im Pflanzenschutzmittelverzeichnis der DDR 1961: Bercema-Zineb 80, Bercema-Zineb-Staub, Bercema-Ferbam 20, Bercema-Ferbam 50, Bercema-Ziram 20 und Bercema-Ziram 70 vom VEB Berlin-Chemie.

b) Thiurame. Der Prototyp dieser Verbindungsklasse ist das Tetra-Methyl-Thiuram-Disulfid, auch kurz TMTD genannt. Diese Verbindung spielte schon früher eine Rolle als Vulkanisationsbeschleuniger in der Gummiindustrie. In der Patentliteratur der USA wurde 1934 auf die fungizide und bakterielle Eigenschaft dieser Verbindung hingewiesen. Chemisch sind die Thiurame mit den Thiocarbamaten nahe verwandt. Ebenso wie die Thiocarbamate sind sie sehr gut pflanzenverträglich, sie führen zu einer guten Ausfärbung der Früchte, sind für Warmblütler praktisch ungiftig (Ausnahme Hühner) und bienenungefährlich. Die Karenzzeit beträgt 7 Tage. Hinsichtlich phytotoxischer Nebenwirkungen ist z. B. bei empfindlichen Apfelsorten achtzugeben.

TMTD, Thiram, Thiuram*. Der Wirkstoff hat folgende Struktur:

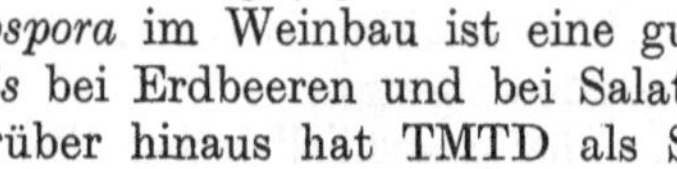

Die orale akute Warmblütertoxizität (LD 50) beträgt bei Ratten 865 mg/kg.

Neben der Anwendung gegen Schorf im Obstbau und gegen *Peronospora* im Weinbau ist eine gute Wirkung gegen *Botrytis* bei Erdbeeren und bei Salat beobachtet worden. Darüber hinaus hat TMTD als Spezial-Beize eine Bedeutung erlangt, und zwar zur Beizung von Gemüsesämereien (z. B. Erbsen, Bohnen usw.) sowie der Rüben und des Maises. Die Beizung fördert auch das Auflaufen der Saat. Um neben der Wirkung gegen Pilzkrankheiten gleichzeitig Bodenschädlinge zu bekämpfen, verwendet man eine Kombination mit entsprechenden Insektiziden.

Zu der Thiuramgruppe gehören noch folgende Wirkstoffe:

Thiumet. Es wurde festgestellt, daß eine Mischung von Polyäthylenthiuramdisulfid, eine ebenfalls fungizid wirksame Thiuramverbindung, mit Zinkäthylen-bis-dithiocarbamat (Zineb) eine bessere fungizide Wirkung ausübt als die 100%igen Bestandteile allein (synergistischer Effekt siehe Seite 110). Wird die chemische Synthese dieser beiden Komponenten nicht getrennt, sondern gemeinsam durchgeführt, so entsteht eine noch wirksamere Verbindung = Thiumet. Bei guter Pflanzenverträglichkeit hat sich dieses Fungizid gegen Reben-*Peronospora*, *Fusicladium*, *Phytophthora* an Kartoffeln und gegen andere Pilzkrankheiten im Obst-, Gemüse- und Zierpflanzenanbau gut bewährt.

Thiuram DPTD ist chemisch ein Dipyrrolidylthiuram-disulfid mit folgender Struktur:

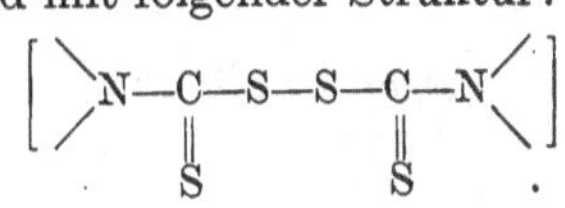

Nach dem Pflanzenschutzmittelverzeichnis 1961 der DDR werden ein Präparat Wolfen-Thiuram 85 als Spritzmittel und Spezialbeize vom VEB Farbenfabrik Wolfen hergestellt.

c) Chlornitrobenzole. Bei diesen Wirkstoffen befinden sich am Benzolring in verschiedener Zahl und Stellung Chlor- und Nitrogruppen. Bei vorgeschriebener Anwendungskonzentration sind auch diese Mittel für Warmblütler ungiftig. Ihre Wirkung erstreckt sich vorwiegend gegen bodenbürtige Pilze, die die Pflanze vom Boden her angreifen. Unter ihnen seien genannt:

Pentachlornitrobenzol, Quintozene* mit der Strukturformel:

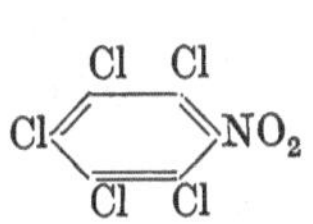

ist eine Spezialbeize gegen Weizensteinbrand und den in Süddeutschland verbreiteten Zwergbrand. Auch gegen Salatfäule ist es wirksam. Gegen Kartoffelschorf und Schwarzbeinigkeit gelingt es mit relativ hohen Aufwandmengen beachtenswerte Erfolge zu erzielen. Durch Entseuchung der Anzuchterde werden Keimlingskrankheiten (Schwarzbeinigkeit, Wurzelbrand, Umfallkrankheit) und Schäden durch *Sclerotinia*-Arten an Blumenzwiebeln verhindert. Eine Inkrustierung der Zwiebelsaat bekämpft den Zwiebelbrand.

Im Gemüse- und Ackerbau wird eine Karenzzeit von 21 Tagen gefordert.

Trichlordinitrobenzol mit der genauen chemischen Bezeichnung 1,2,4-Trichlor-3,5-dinitrobenzol und folgender Strukturformel:

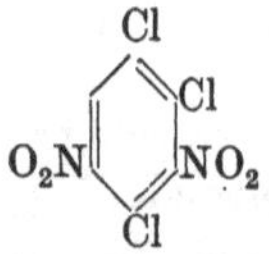

ist ein Spezialmittel gegen Kohlhernie.

Trichlortrinitrobenzol mit der genauen chemischen Bezeichnung 1,3,5-Trichlor-2,4,6-trinitrobenzol und der Struktur:

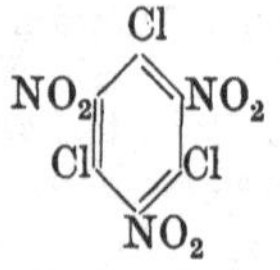

ist ein Mittel gegen Gurkenkrätze und Braunfleckenkrankheit der Tomate. Die Karenzzeit beträgt bei Gurken 5 und bei Tomaten 3 Tage.

An chlornitrobenzolhaltigen Verbindungen gibt es in der DDR das Olpisan (VEB Farbenfabrik Wolfen) und das Phomasan (VEB Fahlberg-List, Magdeburg).

d) Rhodandinitrobenzol, Nirit. Hierzu gehört die Verbindung 2,4-Dinitrorhodanbenzol mit folgender Struktur:

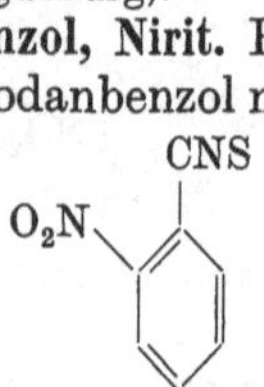

Es wird als ein sehr gutes Schorfbekämpfungsmittel im Obstbau bewertet. Bei der vorgeschriebenen Anwendungskonzentration ist das Mittel für Mensch und Haustier praktisch ungiftig. Die Karenzzeit beträgt im Obstbau 21 Tage. In Kombination mit Kupfer erweitert sich der Anwendungsbereich auf Reben-*Peronospora.*

e) **Hexachlorbenzol** hat die Strukturformel:

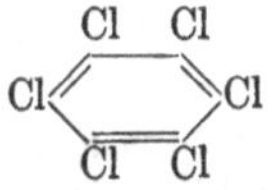

Auf den Fernwirkungseffekt im Boden z. B. gegen Steinbrandsporen ist bereits hingewiesen worden. Darüber hinaus kann es als Spezialbeize gegen Weizensteinbrand und Zwergbrand eingesetzt werden. In allen empfohlenen Anwendungskonzentrationen ist es praktisch für Warmblütler ungiftig.

f) **Chinonderivate.** Spergon, auch Chloranil genannt, ist Tetrachlorbenzochinon mit der Struktur:

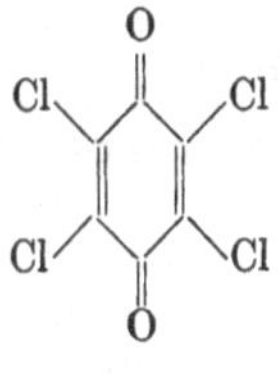

und Phygon (Dichlone)* ist 2,3-Dichlor-1,4-naphthochinon mit folgender Struktur:

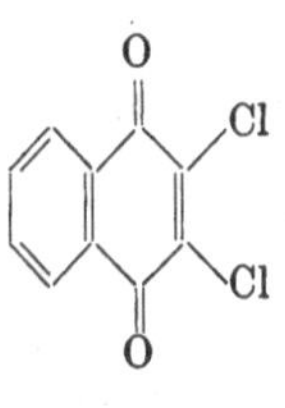

Die orale akute Toxizität wird bei Phygon mit einem LD 50-Wert von 2250 mg/kg Ratte angegeben. Beide

Fungizide werden in manchen Ländern zur Beizung von Gemüse- und Zierpflanzensämereien angewandt. Spergon ist auch gegen *Fusicladium* zum Einsatz gekommen.

Chinoxim-Benzoylhydrazon, Benquinox* (COBH) hat folgende Struktur:

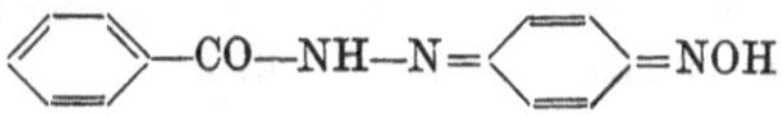

Dieser Wirkstoff kommt in Kombination mit einer Quecksilberbeize zur Anwendung, wodurch nicht nur die samen-, sondern auch die bodenbürtigen Keimlingskrankheiten, z. B. *Pythium* spec., verhindert werden sollen. In alleiniger Anwendung hat der Wirkstoff gegen Auflaufkrankheiten nicht das gehalten, was er versprochen hatte.

g) Captan*. Dieser Wirkstoff ist chemisch N-Trichlormethylthiotetrahydrophthalimid folgender Struktur:

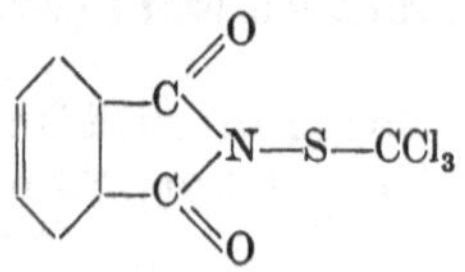

Die weiße, kristalline Verbindung, die in Wasser unlöslich und in organischen Lösungsmitteln nur wenig (ca. 8%) löslich ist, hat infolge ihrer ausgezeichneten fungiziden, den Kupferpräparaten am nächsten kommenden Wirkung (Ausnahme *Phytophthora*) und ihrer gewissen bakteriziden Wirkung in den letzten Jahren eine beachtenswerte Bedeutung erlangt. Dieser Tatsache wegen sei der Weg der Synthese kurz skizziert. Mit Hilfe der Diensynthese wird aus Butadien und Maleinsäureanhydrid das Vorprodukt Tetrahydrophthalsäureanhydrid gewonnen, das mit Ammoniak in Tetrahydrophthalimid umgewandelt wird. Das Natriumsalz dieser Verbindung vereinigt sich mit Perchlormethylmercaptan zum Captan.

Neben seiner hervorragenden fungiziden Wirkung ist Captan durch folgende, äußerst beachtenswerte Eigenschaften ausgezeichnet: Zunächst ist es als ungiftig anzusehen, denn die orale akute Toxizität gegen Warmblütler zeigt einen LD-50-Wert von 10000 mg/kg Ratte. Die zweijährige Fütterung einer 1%igen captanhaltigen Nahrung hat zu keinerlei Schädigungen geführt. Ebenso verhält es sich mit der Phytotoxizität. Es ist ein relativ mildes Fungizid. Bei einigen Apfelsorten soll jedoch Vorsicht geboten sein (z. B. Berlepsch, Landsberger Reinette, Weißer Winterkalvill u. a.). Als Beizmittel gebraucht, ist selbst eine Überbeizung ohne schädigenden Einfluß. Im Weinbau soll die Behandlung spätestens 4 Wochen vor der Ernte erfolgen, da sonst eine Gärhemmung eintreten kann. Bei der Spätspritzung zur Schorfbekämpfung wurde gleichzeitig festgestellt, daß auch *Monilia*-Befall, der Lagerschorf und die Bitterfäule (*Gloeosporium*-Fäule) sehr eingeschränkt werden.

Weiterhin zeigt Captan einen positiven Einfluß auf die Vegetationsorgane, und zwar in Form schön ausgebildeter Früchte mit feiner Schale und in der Verzögerung des Laubfalles der lange Zeit grün erhalten bleibenden Blätter um 2—3 Wochen. Geschmacksbeeinträchtigungen sind nicht zu befürchten. Nach den bisherigen Erfahrungen ergibt sich infolge der vielen positiven Eigenschaften ein ausgedehntes Anwendungsgebiet.

Die Schorfbekämpfung im Obstbau und die *Peronospora*-Bekämpfung im Weinbau versprechen sehr gute Erfolge. Der Grauschimmel der Erdbeere (*Botrytis*) ist ebenfalls mit Captan zu bekämpfen. Gute Ergebnisse zeigten sich bei der Anwendung gegen *Monilia*-Fruchtfäule bei Kern- und Steinobst, Kräuselkrankheit des Pfirsiches, Schrotschußkrankheit der Kirsche und Pflaume, Blattfleckenkrankheit an Beerenobst und Roten Brenner an Weinreben.

Als Beizmittel hat es sich bewährt im Gemüse- (besonders Leguminosen) und Zierpflanzenanbau gegen Auflaufkrankheiten. Im Zierpflanzenanbau sei noch besonders die Wirkung gegen *Botrytis* bei Cyclamen, Ölfleckenkrankheit bei Begonien erwähnt, und zwecks Vermeidung des Ericasterbens erwies es sich als das beste Fungizid bei der Bodenbehandlung.

Durch Einarbeiten in den Boden oder durch Überbrausen der Saatbeete und Jungpflanzen dient es als Bodendesinfektionsmittel gegen bodenbürtige Pilze im Gemüse- und Zierpflanzenanbau und auch im Forst in Saatkämpen.

Für die Karenzzeit werden im Obstbau 3 Tage (Erdbeeren 7 Tage) und im Gemüse- und Ackerbau 7 Tage gefordert.

Da eine Wirkung gegen den Echten Mehltau fehlt, wird Captan mit Schwefel kombiniert.

Auf Basis Captan sind im Handel Malipur und Malipur-S (Schwefelkombination) vom VEB Fahlberg-List, Magdeburg.

h) Phaltan ist ein dem Captan nahe verwandtes Fungizid und chemisch N-Trichlormethylthiophthalimid mit der Struktur:

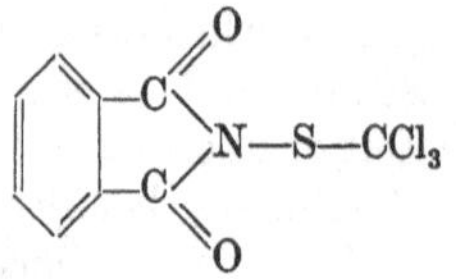

Der LD-50-Wert der akuten oralen Warmblütlertoxizität ist größer als 10000 mg/kg Ratte. Nicht nur in der äußerst geringen Warmblütlertoxizität besteht eine Übereinstimmung mit Captan, sondern auch in dem physiologischen Einfluß auf Fruchtfärbung und intensiver Blattgrünbildung ist zumindest eine gleiche, wenn nicht sogar bessere Wirkung zu beobachten. Neben dem ebenfalls gleichzusetzendem Bekämpfungseffekt gegen Schorf und Reben-*Peronospora* zeigt sich darüber hinaus eine gute Wirkung gegen den Echten Mehltau (*Oidium*) und gegen *Phytophthora* an Tomaten und Kartoffeln. Ferner werden gute Erfolge erzielt gegen die Kirschfruchtfäule (*Monilia*), Blattfleckenkrankheit der Erbse (*Ascochyta*) und im Zierpflanzenbau gegen Sternrußtau bei Rosen. Zusammenfassend handelt es sich um ein Fungizid, das im praktischen Pflanzenschutz eine besondere Beachtung finden wird.

i) Karathan ist ein Dinitro-alkyl-phenylcrotonat folgender Struktur:

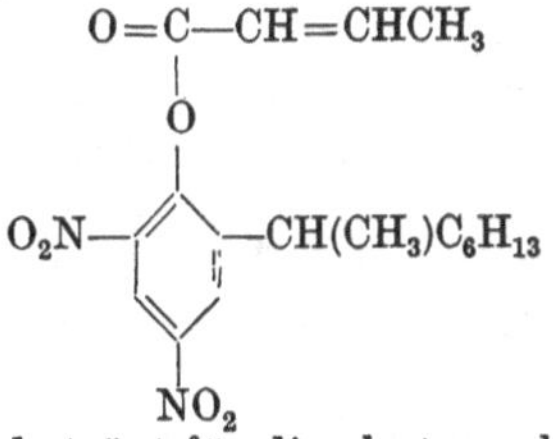

Der LD 50-Wert beträgt für die akute orale Warmblütlertoxizität 400—2000 mg/kg Ratte.

Karathan ist ein spezifisches Mittel gegen den Echten Mehltaupilz und sehr gut pflanzenverträglich. Besonders gute Wirkungen sind gegen Mehltau an Gurken, Schwarzwurzeln, Stachelbeeren, Begonien und Hortensien festgestellt worden. In Kombination mit Zineb ergibt sich auch eine Wirkung gegen Schorf. Es besteht außerdem eine gewisse Wirkung gegen Rote Spinne. Im Ackerbau wendet man den Wirkstoff nicht an. Im Obst- und Gemüsebau wird eine Karenzzeit von 21 Tagen gefordert. Bei Gurken sollen 7 Tage ausreichend sein.

j) Chinolin-Derivate. Fungizide Effekte der Chinolin-Derivate wurden z. B. beim Chinosol gegen *Rhizoctonia*-Arten und gegen *Fusarium*-Gurkenwelkeerreger beobachtet. Das Chinolin-Derivat B 500 ist chemisch ein 5,7-Dichlor-8-oxychinolin mit folgender Struktur:

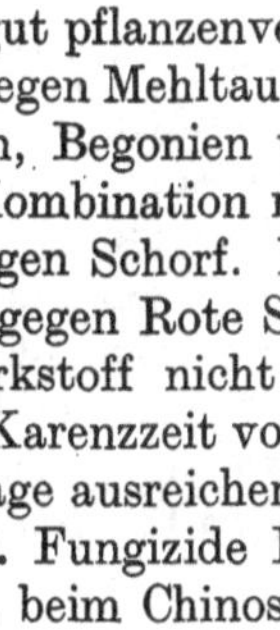

Für den Menschen ist der Wirkstoff relativ ungiftig. Er zeigt einen besonders guten Bekämpfungserfolg gegen *Botrytis* an vielen Zierpflanzen (z. B. *Cyclamen*).

k) Dodine* (Cyprex), Melprex. Chemisch ist Dodine N-Dodecylguanidinacetat mit folgender Struktur:

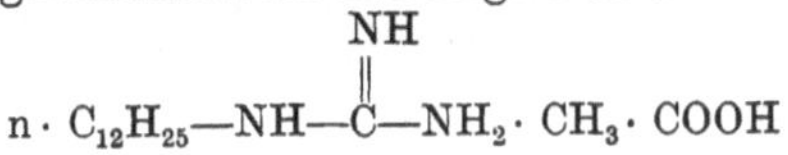

Der Wirkstoff ist für Warmblütler praktisch ungiftig, denn die akute orale LD 50 beträgt ungefähr 1000 mg/kg Ratte.

Dodine ist dadurch gekennzeichnet, daß es in das Blattgewebe eindringen kann, ohne jedoch in der Pflanze weitergeleitet zu werden. Zu dieser Eigenschaft kommt eine heilende oder curative Wirkung hinzu. Bei entsprechender Konzentration der Spritzbrühe ist im Extremfall noch 4 Tage nach der Infektion auch in der Nachblütezeit ein guter Bekämpfungserfolg zu erreichen. Außerdem besteht die Möglichkeit, den bereits auf Laub oder Früchten entwickelten Schorf an weiterer Ausbreitung zu hindern.

Neben einer sehr guten Wirkung gegen Apfelschorf besteht eine gleiche auch gegen Birnenschorf. Bei einer Spätschorfspritzung im August hat Captan gegen Lagerschorf eine bessere Wirkung. Beachtenswert ist auch noch die Nebenwirkung gegen den Mehltau.

Bei einigen Apfelsorten sind phytotoxische Nebenwirkungen, vor allem in Form von Fruchtberostungen, zu berücksichtigen. Anwendung für den Gemüse- und Ackerbau kommt nicht in Frage; die Karenzzeit im Obstbau beträgt 14 Tage.

l) **Dithianon** ist chemisch 2,3-Dicarbonitrilo-1,4-dithioanthrachinon mit folgender Struktur:

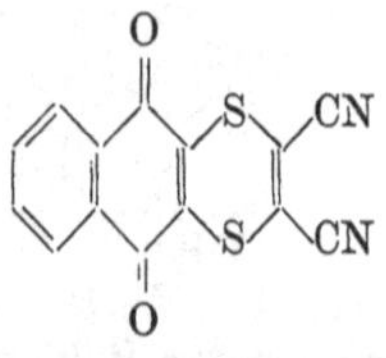

Es ist gegen *Fusicladium* und Reben-*Peronospora* wirksam. Bei der Bekämpfung der *Peronospora* an schwarzen Johannisbeeren zeigte sich gleichzeitig eine Wirkung gegen den Säulchenrost (*Cronartium ribicola*). Als Karenzzeit werden 21 Tage gefordert.

4. *Antibiotika*

Schon Pasteur und Joubert (1877), so berichtet Müller (1955), hatten festgestellt, daß einzelne Mikroorganismen in der Lage sind, das Wachstum des Milzbrandbazillus zu unterdrücken. In prophetischer Weise wurde damals von Pasteur die Meinung geäußert, daß diese Beobachtung sich einmal für die Heilung bakterieller Erkrankungen auswerten lassen müsse. 1928 sah der Engländer A. Fleming in einer Plattenkultur, die im Umkreis einer *Penicillium*-Kolonie als Fremdinfektion entstanden war, daß das Wachstum von *Staphylococcus aureus* gehemmt war. Er erkannte die stofflich bedingte Natur dieser Hemmwirkung, nannte den wirksamen Stoff Penicillin und begründete damit die Antibiotikaforschung.

Auf die Frage, was ein Antibiotikum ist, sei die Definition von Waksman, des Entdeckers des Streptomycins, zitiert: „Ein Antibiotikum ist eine chemische von Mikroorganismen erzeugte Substanz, welche die Fähigkeit hat, das Wachstum niederer Organismen zu hindern und Bakterien und andere Mikroorganismen zu zerstören. Die Wirkungsweise eines Antibiotikums gegen Mikroorganismen ist selektiv in der Natur, wobei einige Organismen beeinflußt werden, andere dagegen nicht oder nur wenig. Jedes Antibiotikum ist so durch ein spezifisches antimikrobielles Wirkungsspektrum ausgezeichnet."

Wir kennen die überragende Bedeutung der Antibiotika für die Heilung der infektiösen Krankheiten in der Human- und Veterinärmedizin. Es lag durchaus nahe, die Anwendung dieser biologisch aktiven Stoffe auch auf das Gebiet der Phytopathologie auszudehnen. Dabei ließ man sich im Hinblick auf die Wirtschaftlichkeit von dem Gedanken leiten, daß es auf dem Gebiet des Pflanzenschutzes nicht notwendig sei, mit derart gereinigten Produkten zu arbeiten, wie sie z. B. von der Humanmedizin gefordert werden. Wichtig ist nur, daß das wirksame Antibiotikum in entsprechender Konzentration im technischen Produkt enthalten ist. Die Aufwandmenge des

Wirkstoffes wird in ppm (1 ppm = 1:1000000) angegeben. Aufwandmengen von 10–250 ppm sind im Pflanzenschutz zur Anwendung gelangt.

Aus den Kulturfiltraten der *Penicillium*-Arten und der Actinomyceten hat man Antibiotika isoliert, die gegen phytopathogene Bakterien und Pilze geprüft worden sind. So wirken z. B. Gladiolin-Säure und Patulin ($C_7H_6O_4$) gegen die Umfallkrankheit von Tomatensämlingen, Nor-Mycophenolsäure gegen *Phytophthora* und *Rhizoctonia* und Griseofulvin mit systemischer Wirkung gegen *Alternaria* spec. und *Helminthosporium* spec. Gliotoxin und die eben genannten Antibiotika sind aus verschiedenen *Penicillium*-Arten gewonnen worden.

Actidion (Handelsname) oder Cycloheximid (chemische Bezeichnung), Streptomycin und Terramycin, die ersten beiden unter besonderen Verfahren aus Kulturfiltraten der Art *Streptomyces griseus* und das dritte aus Kulturlösungen von *Streptomyces rimosus* isoliert, sind Antibiotika der Actinomyceten, die im Pflanzenschutz mit Erfolg angewandt worden sind. Actidion mit der Strukturformel:

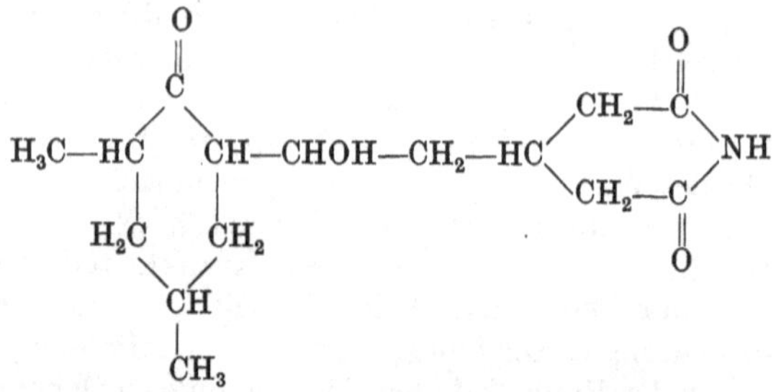

ist fungizid wirksam; es erwies sich u. a. als Trockenbeize wirksam gegen *Tilletia* auf Weizen, wobei der Steinbrand völlig unterdrückt werden konnte. Ein anderes Beispiel fungizider Wirkung bietet der erfolgreiche Einsatz in Form eines Spritzmittels gegen den Echten Mehltau unter Gewächshausbedingungen. Während beim Actidion eine bakterizide Wirkung vermißt wird, ist Streptomycin mit

Erfolg gerade gegen bakterielle Pflanzenerkrankungen eingesetzt worden. So weist ebenfalls MÜLLER (1955) auch hierzu u. a. auf die Tatsache hin, daß es gelungen sei, den Erreger der bakteriellen Tomatenwelke (*Corynebacterium michiganense*) durch Beizung der Samen erfolgreich zu bekämpfen. Gerade beim Streptomycin zeigte es sich, daß auch ungereinigte Präparate wirksam sind. Diese Tatsache ist im Hinblick auf die bereits erwähnte Wirtschaftlichkeit der Anwendung von Antibiotika im Pflanzenschutz beachtenswert. So gelang es KLINKOWSKI (1951) mit ungereinigten Streptomycin-Lösungen durch Samenbeizung die Fettfleckenkrankheit der Bohne (*Pseudomonas phaseolicola*) zu bekämpfen.

Streptomycin ist eine komplizierte Verbindung mit folgender Strukturformel:

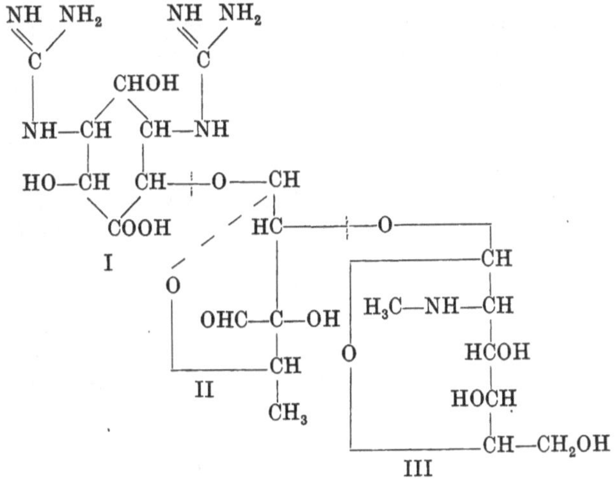

Auch Terramycin wurde gegen Pflanzenkrankheiten eingesetzt. Agrimycin ist ein Gemisch von Streptomycin und Terramycin (10:1).

Daß Antibiotika-Präparate z. B. in den Pflanzenschutzmittelverzeichnissen mitteleuropäischer Staaten als Handelsprodukte jetzt noch nicht aufgeführt sind, soll hier nicht weiter erörtert werden.

III. Insektizide

Von den ungefähr eine Million Tierarten, die die Erde bevölkern, sind ca. 750000 Arten Insekten. Schon im Devon, dem Altertum der Erdgeschichte, traten sie auf, und infolge ihrer ökologischen Anpassungsfähigkeit haben sie ihre Vormachtstellung bis in die heutige Zeit bewahrt. So ist es auch nicht verwunderlich, daß sie unter den Schadtieren, die die Kulturen des Menschen ständig bedrohen und vernichten, die erste Stelle einnehmen. In treffender Weise charakterisierte HOWARD einmal die gegenwärtige Situation, indem er sagte: „Wir stehen immer noch in der Epoche der Insekten und versuchen, das Zeitalter der Menschen im Kampf gegen die Insekten herbeizuführen."

Schon frühzeitig war der Mensch gezwungen, sich der ständigen Gefahr, die ihm von seiten der Macht „Insekten" drohte, zu erwehren. Er wählte zunächst einen Stoff, dessen tödliche Wirkung ihm schon seit langem bekannt war, nämlich das Arsen. Der römische Historiker PLINIUS (23 bis 79 n. d. Z.) berichtet bereits über den Gebrauch von Arsen zur Bekämpfung von Schädlingen. Bis in die neueste Zeit (1953/54) waren Verbindungen dieses Elementes zur Bekämpfung von Schädlingskalamitäten im Forst und in der Landwirtschaft im Einsatz.

Ebenso frühzeitig setzte der Mensch noch eine andere Abwehrwaffe gegen die Insekten ein. Pflanzliche Stoffe, mit deren Hilfe man es verstanden hatte, viele Krankheiten des Menschen zu heilen oder zu lindern, wurden auch zur Bekämpfung von Schadinsekten angewandt. Die volkstümliche Lehre von den Kräutern, speziell des Mittelalters, nennt eine große Zahl von Pflanzen, deren Gifte Insekten vernichten können. Die Gruppe von Insektenabwehrstoffen pflanzlichen Ursprungs ist auch heute noch nicht zur völligen Bedeutungslosigkeit herabgesunken.

Während auf dem Gebiet der Arzneimittelchemie schon bedeutende Entdeckungen und Erfolge im Hinblick auf eine Chemotherapie gewonnen wurden — es sei an die Entdeckung des Salvarsans durch EHRLICH erinnert —, war in der Forschung nach neuen Schädlingsbekämpfungsmitteln jahrzehntelang eine Stagnation eingetreten, und nach MÜLLER (1955) dem Entdecker des DDT, wurden für die Bekämpfung von Schädlingen höchstens Abfallstoffe oder Nebenprodukte verwendet. Es wird in diesem Zusammenhang auf Karbolineum, Mineralöle und auch auf Harze aufmerksam gemacht, und es wird ferner darauf hingewiesen, daß man sich schon seit langem mit bekannten anorganischen oder organischen Stoffen, z. B. Arsenaten, Fluoriden, Schwefel und Kupfer oder Nikotin, Rotenon oder Pyrethrum, begnügte. Letztere gewinnt man durch Extraktion aus Pflanzenteilen. Jedoch soll nicht unerwähnt bleiben, daß vor Beginn der Ära der modernen synthetisch organischen Kontaktinsektizide einige organische Stoffe entdeckt worden sind, die mit Erfolg zum Einsatz gelangten und auch heute noch eine gewisse Bedeutung besitzen. Auf dem Gebiet des Pflanzenschutzes sei besonders auf den in den Laboratorien der Farbwerke Höchst entdeckten Wirkstoff Tetranitrocarbazol (Nirosan) aufmerksam gemacht, der als spezifisch wirkendes Fraßgift gegen Heu- und Sauerwurm mit gutem Erfolg eingesetzt worden ist. Hiermit gelang es, die stark giftigen Arsenmittel aus dem Weinbau zu verdrängen. Es sei betont, daß die Entdeckung des Nirosan die Geburtsstunde der organisch synthetischen Pflanzenschutzmittel mit einem jedoch eingeschränkten Wirkungsbereich war. Erst durch die revolutionierende Entdeckung der insektiziden Wirksamkeit des DDT durch den Nobelpreisträger PAUL MÜLLER wurde auf dem Gebiet der Insektizidforschung ein völlig neuer Weg beschritten, der seit ca. 20 Jahren ein bedeutsames Ausmaß angenommen hat.

Alle entdeckten organisch synthetischen Kontaktinsektizide sind, wie der Name es sagt, in überwiegendem Maße durch eine Berührungswirkung ausgezeichnet, die ihnen eine große Wirkungsbreite verleiht. Durch die mit den modernen Insektiziden gewonnenen Bekämpfungserfolge sind ohne Übertreibung viele Millionen Menschen vor Tod, Krankheit und Hunger bewahrt geblieben. Wenn auch die auf der Wirkungsbreite der Insektizide beruhenden großartigen Bekämpfungserfolge den Eindruck hinterließen, daß das Höchstmögliche auf dem Gebiet der Insektenabwehr erreicht worden ist, so besteht doch noch immer die Forderung, in den Laboratorien der chemischen Industrie nach neuen Wirkstoffen zu forschen. Die Gründe dafür sind folgende: erstens die Resistenz, zweitens die Forderung nach selektiv wirksamen Mitteln und drittens die Suche nach Wirkstoffen mit noch geringerer Toxizität.

Der Triumph über die großen Erfolge in der Bekämpfung der Schadinsekten mit Hilfe der synthetischen Kontaktinsektizide wurde geschmälert, als auf Grund ihres massierten Einsatzes, besonders in den Ländern mit intensiver Schädlingsbekämpfung, einige Schädlinge mit einer Abwehrreaktion antworteten, nämlich mit der Resistenz, der mehr oder weniger großen Unempfindlichkeit bestimmter Insektenstämme gegenüber der toxischen Wirkung eines Insektizids. Man unterscheidet dabei eine natürliche Resistenz, indem eine Insektenart gegen ein bestimmtes Insektizid eine höhere Widerstandsfähigkeit zeigt. Als Beispiel sei erwähnt, daß der Kartoffelkäfer mit dem Parathion, einem mit großer Wirkungsbreite und intensiver Initialtoxizität ausgestatteten Wirkstoff, nicht mit ausreichendem Erfolg bekämpft werden kann. Die andere Erscheinungsform der Resistenz beruht auf einem Selektionsvorgang, d. h. innerhalb einer Population gibt es Rassen oder Stämme, die bei Anwendung einer üblichen Insektiziddosierung im Gegensatz zu normalsensiblen Artgenossen überleben. Eine bestimmte Insektiziddosis wirkt wie ein Sieb, das innerhalb einer

Population die normalsensiblen zurückhält und tötet, während die resistenten Individien durch die Maschen fallen, d. h. weiterleben und ihre resistenten Eigenschaften auf die nachfolgende Generation vererben. Der natürlichen wie auch der durch Selektion entstandenen Resistenz können drei verschiedene Ursachen zugrunde liegen. Das in den Insektenkörper eingedrungene Insektizid kann erstens durch biochemische Prozesse abgebaut oder durch andere Substanzen, z. B. Lipoide, blockiert werden, so daß es seine Wirksamkeit verliert. Es wäre dies eine physiologische Resistenz. Zweitens können besondere morphologische Eigenschaften z. B. im Außenskelett des Insekts auftreten, die das Eindringen des Insektizids in den Körper verhindern, wobei man dann von einer morphologischen Resistenz spricht. Schließlich können drittens Insekten durch ein besonderes Verhalten ausgezeichnet sein, das sie daran hindert, das Insektizid aufzunehmen oder mit dem Giftpräparat in Berührung zu kommen. Letzteres nennt man dann eine verhaltensmäßige Resistenz.

Durch die modernen synthetischen Kontaktinsektizide ist die Insektizidresistenz zu einem schwerwiegenden Problem geworden; es soll aber nicht unerwähnt bleiben, daß vereinzelt Fälle von Insektizidresistenz schon in früheren Jahren bekannt geworden sind. So waren u. a. die Orangenschildläuse *Aonidiella aurantii* und *Saissetia oleae* gegen Blausäure resistent geworden. Ein weiteres, sehr interessantes Beispiel von Verhaltensresistenz war die Unempfindlichkeit von Jungraupen der Obstmade *Carpocapsa pomonella* gegenüber Arsenverbindungen, z. B. Bleiarsen. Auch andere damals angewandte Insektizide, wie Kryolith, Bariumfluorsilikat und Rotenon, versagten. Fütterte man aber normalsensible Raupen mit Natriumarsen oder injizierte man Natriumarsen bzw. Bleiarsen in das Haemocoel der Raupen, so bestand in der Mortalitätsrate zwischen beiden Raupen kein Unterschied. Nur die Eigenart der Verhaltensweise konnte diese Feststellung erklären. Die in die Apfelschale sich einfressenden Raupen umgingen die auf dem Apfel sich befindenden Spritzflecke oder wischten mit dem vorderen Teil des Körpers den Giftbelag weg. Auf diese Weise konnte das nur auf den Verdauungstraktus wirksame Gift keinen Effekt erzielen.

Wenige Jahre nach Beginn der neuen Ära der synthetischen Kontaktinsektizide traten bei der Bekämpfung der Stubenfliegen mit DDT die ersten Resistenzerscheinungen auf. Nachdem z. B. in Schweden die Fliegen 3 Jahre lang mit DDT sehr erfolgreich bekämpft worden waren, zeigte sich bereits 1946, daß die Wirkung des DDT wesentlich nachließ und der Erfolg schließlich ausblieb. In anderen Ländern, z. B. in der Schweiz, wo eine intensive Fliegenbekämpfung durchgeführt wurde, machte man die gleiche Feststellung. Daß gerade bei der Fliegenbekämpfung die ersten Resistenzerscheinungen beobachtet wurden, liegt an der Intensität, mit der hier die Bekämpfungsaktionen durchgeführt wurden, und vor allen Dingen an dem Auftreten mehrerer Generationsfolgen innerhalb einer Bekämpfungsperiode. Im letzteren Falle kann sich der Selektionsvorgang, der die resistenten Individien einer Population ausliest, mehrmals wiederholen, so daß von Generation zu Generation die widerstandsfähigen Fliegen immer stärker in den Fortpflanzungsprozeß einbezogen werden. Für andere Hygieneschädlinge gelten ähnliche Verhältnisse, so daß bei diesen Schadinsekten weitaus häufiger die Resistenzerscheinungen aufgetreten sind als bei den Schadinsekten landwirtschaftlicher Kulturen. Aber auch hier traten in den Bereichen intensiver Schädlingsbekämpfung, z. B. in den USA, die ersten Resistenzerscheinungen auf, und zwar am häufigsten an Aphiden (Blattläusen), die innerhalb einer Vegetationsperiode mehrere Generationsfolgen haben. Bei den Aphiden handelt es sich in erster Linie um eine Resistenz gegenüber Parathion, einem Wirkstoff einer anderen Insektizidgruppe.

Die DDT-Resistenz bei Fliegen versuchte man durch Einsatz neu entwickelter chlorierter Kohlenwasserstoffe, wie γ-HCH, Chlordan, Toxaphen, Dieldrin u. a., zu umgehen, aber auch gegen diese Wirkstoffe stellten sich früher, als man erwartete, Resistenzerscheinungen ein. Bei den Untersuchungen der Resistenzerscheinungen hatte sich als erschwerend herausgestellt, daß ein gegen DDT resistent gewordener Stamm viel früher gifttolerant gegen γ-HCH wird als ein normal sensibler Stamm. In den Gebieten mit intensiver Schädlingsbekämpfung mußte man die leidige Bilanz ziehen, daß sich bei Stubenfliegen gegenüber den gesamten chlorierten Kohlenwasserstoffen eine Gifttoleranz herausstellte, die man als polyvalente Resistenz zu bezeichnen pflegt. Als man unter der Insektizidgruppe der Phosphoresterverbindungen minder toxische, für den Einsatz in der Hygiene geeignete Wirkstoffe, wie z. B. Malathion oder Diazinon, auffand und in der Fliegenbekämpfung mit Erfolg einsetzte, mußte man ebenfalls das Resistentwerden gegen diese Insektizidgruppe in Kauf nehmen. Der Vorgang der Resistenzbildung wird noch beschleunigt, wenn man nicht nur die Imagines, sondern auch die Larven der Stubenfliegen mit dem gleichen Insektizid bekämpft.

Das Problem der Resistenzbildung möge noch durch folgenden Hinweis geklärt werden: Resistenz bedeutet nicht, daß die Tiere sich allmählich an das Insektizid gewöhnen; sie wird auch nicht in den Organismen der Schadinsekten durch den Einfluß der Insektizide erzeugt. In diesen Fällen spricht man von Immunität. Resistenz ist vielmehr innerhalb einer Population vorhanden, sie ist als etwas Gegebenes anzusehen. Die Eigenschaft der Resistenz ist erbbiologisch an ein Gen gebunden. Das Insektizid wirkt als Selektionsagens, d. h. als ein Stoff, der die resistenten Tiere überleben läßt und die normalen sensiblen Individien abtötet. Man kann das Insektizid, wie schon erwähnt, als ein Sieb ansehen, das die widerstandsfähigen von den normal empfindlichen Tieren trennt.

Zunächst ist das resistenztragende Gen innerhalb einer Population sehr selten, und durch eine ständige Selektion wird schließlich Homozygotie (Reinerbigkeit) erreicht.

Während sonst bei Wegfall der insektiziden Wirkung nach 10—20 Generationen der resistente Stamm wieder normal sensibel geworden ist, bleibt bei Homozygotie die Resistenz bestehen. Von derartigen Fällen wird bereits berichtet. Hier haben weder qualitative noch quantitative Veränderungen in der Begiftung einen Erfolg. Nach den bisherigen Erfahrungen in der Resistenzforschung ist die Schlußfolgerung erlaubt, daß es unter den Schädlingsbekämpfungsmitteln kaum eines geben dürfte, bei dem nicht nach intensiver Anwendung von einem gewissen Zeitpunkt an Resistenz auftreten würde. Um diesem Problem mit Erfolg zu begegnen, stellt Wiesmann (1957) mit Recht die Forderung, daß wir uns nicht nur mit der Entwicklung neuer Schädlingsbekämpfungsmittel zu befassen haben, sondern mit den Schädlingen selbst und mit der Wirkung der Insektizide auf die Schadinsekten. Vor allem müssen auch unsere Kenntnisse auf dem Gebiete der Insektenphysiologie wesentlich erweitert werden.

Auf die Forderung nach selektiv wirkenden Mitteln ist bereits in der Einleitung hingewiesen worden. Ripper (1957), USA, macht auf das Wiederaufleben von Schädlingskalamitäten trotz chemischer Behandlung aufmerksam und führt diese Tatsache auf die Vernichtung der natürlichen Abwehrkräfte zurück, da Prädatoren (Raubinsekten) und Parasiten nach insektizider Vernichtung sich wesentlich langsamer aufbauen als die Schadinsekten. Erschwerend kommt hinzu, daß die durch chemische Elimination gebildeten resistenten Schadinsektenstämme sich ungehindert vermehren können, ohne durch die natürlichen Abwehrkräfte unterdrückt zu werden. So könnte der Kulturbiotop als ein Organismus angesehen werden, der mit Mächten der Verteidigung gegen pflanzenfressende Organismen ausgerüstet ist. Die Insektizidforschung muß versuchen, selektive Mittel zu entwickeln, die das natürliche Verteidigungssystem nicht vernichten. Nach Ripper (1957) ist das 1949 entdeckte „Schradan“ das erste selektive Insektizid. Dieser Wirkstoff besitzt eine „physiologische“ Selektivität, der zwar Blattläuse, aber nicht durch Kontakt die Prädatoren, wie Marienkäfer, tötet, auch dann nicht, wenn letztere die durch das selektive Insektizid getöteten Blattläuse verzehren. Demgegenüber gibt es systemische Insektizide, deren Selektivität ökologischer Natur ist. Diese sind unselektiv, wenn sie als Kontaktinsektizid appliziert werden, aber wenn sie durch den Saftstrom der Pflanzen aufgenommen werden, sind sie nur wirksam gegen die pflanzensaugenden Spezies, wie Blattläuse, und nicht gegen die nützlichen Raubinsekten.

Kommen wir zum dritten Punkt der Forderung, nach neuen Mitteln mit noch geringerer Toxizität zu forschen, so ist in der Einleitung dieses Problem schon erörtert worden.

Die Entdeckung neuer Mittel ist auf Grund unserer relativ geringen Kenntnisse über den Wirkungsmechanismus der organisch synthetischen Insektizide heute noch ein Spiel des Zufalls. Auch die Studien über den Zusammenhang der Konstitution des Moleküls und insektizider Wirksamkeit geben dem Chemiker keine richtungweisenden Zeichen. Man hat bisher die Erkenntnis gewonnen, daß nicht einzelne Atomgruppen oder Substituenten eines Moleküls über die insektizide Wirksamkeit entscheiden, sondern daß die Verbindung als Ganzes zu sehen ist.

Da der Vergiftungsablauf und die einzelnen Intoxikationsphasen der synthetischen Kontaktinsektizide mit geringen Abweichungen sich ähneln, kann man einen gleichartigen Wirkungsmechanismus annehmen. Die Vergiftungserscheinungen deuten ferner darauf hin, daß in irgendeiner Weise das Nervensystem beeinflußt wird, und zwar kann man auf Grund der unkoordinierten Bewegungen, der Gleichgewichtsstörungen und der kreiselnden Bewegungen fliegender Insekten (Fliegen), die als Vergiftungssymptome stets auftreten, auf eine Störung des Reizleitungsvorganges schließen. Von den Phosphoresterverbindungen wissen wir, daß sie auf den Funktionsablauf und das Stoffwechselgeschehen des Reizleitungsvorganges einen störenden Einfluß ausüben. Sie blockieren das Ferment Cholinesterase, dessen Aufgabe es ist, das während des Reizleitungsvorganges auftretende Acetylcholin in Cholin und Essigsäure reversibel zu spalten. Das Acetylcholin spielt im Reizleitungsgeschehen eine Vermittlerrolle, indem es z. B. als Erreger der quergestreiften Muskulatur fungiert und dann nach Erfüllung dieser Funktion durch das Ferment in der eben angegebenen Weise wieder gespalten wird. Eine Anhäufung des Acetylcholins führt zu einem erhöhten und anhaltenden Reiz, so daß die damit verbundenen Störungen des Funktionsablaufes des Nervensystems zum Tode führen. Ganz allgemein vertritt man die Ansicht, daß die Toxizität der modernen synthetischen Kontaktinsektizide auf Blockierung von Fermenten beruht. Fermente sind bekanntlich Stoffe, die in kleinsten Mengen in der Zelle von lebenden Organismen als Biokatalysatoren die biochemischen Lebensvorgänge, wie Atmung, Verdauung, Reizleitung u. a. ermöglichen oder steuern. Sie lenken auch die heute noch kaum übersehbaren gesamten Stoffwechselvorgänge des Energie- und Baustoffwechsels, ihr chemischer Aufbau ist sehr vielgestaltig und zum größten Teil unbekannt. An ihrem Aufbau sind artspezifische Eiweißkomponenten beteiligt, so daß sie selbst ebenfalls artspezifisch sind. Nach Perkow (1956) führt die Reaktion des Insektizids mit dem Ferment zu einem Addukt aus räumlich und ladungsmäßig sich ergänzenden Molekülteilen. Auf Grund der Artspezifität der Fermente erklären sich die zum Teil unterschiedlichen Wirkungen der z. Z. vorhandenen Insektizide auf die einzelnen Insektenarten, so ist z. B. Toxaphen gegenüber Bienen weitaus geringer toxisch als gegen andere Insektenarten. Weiterhin schließt diese Tatsache auch die Möglichkeit ein, Insektizide mit noch größerer Selektivität aufzufinden.

Die Aufnahme der Insektizide in den Insektenkörper kann auf dreierlei Weise geschehen. Erstens kann der Wirkstoff, wenn er eine Gasphase aufweist, über die Atmungsorgane als Atemgift in das Körperinnere gelangen. Zweitens können die mit dem insektiziden Präparat behandelten Pflanzenteile gefressen werden, und das Insektizid gelangt über den Verdauungstraktus in den Organismus. Drittens dringt das Insektizid lediglich infolge der Berührung durch bestimmte Eintrittspforten in das Insekt ein. Das Außenskelett oder die Kutikula der Insekten variieren sehr in der Struktur innerhalb der einzelnen Arten und der verschiedenen Regionen des Körpers. Gewöhnlich lassen sich drei histologische Schichten unterscheiden, und zwar von außen nach innen führend erstens die dünne lipoidhaltige (fetthaltige) Epikutikula von sehr komplexer Natur, zweitens die starke sklerotierte und aus Eiweißpolymerisaten zusammengesetzte chitinhaltige Exokutikula und drittens die dehnbare, aus Eiweiß und Chitin zusammengesetzte Endokutikula. Alle Teile des Insektenpanzers, die eine Exokutikula aufweisen, sind für die lipoidhaltigen Insektizide undurchlässig. Die lipoidhaltige Epikutikula hingegen ist für die fettlöslichen Insektizide durchlässig, und das Gift wird wirksam, wenn sich darunter Nervenendungen befinden. Die Sinnesorganöffnungen, die von einer dünnen Membran bedeckt sind, bilden in besonderem Maße Eingangspforten für die Insektizide. Diese Verhältnisse findet man an den Tastorganen der Tarsen, Rüssel und Antennen vor. Auch die Intersegmentalhäute werden von Insektiziden passiert. Ist das Insektizid in den Körper eingedrungen, so wird es von der Haemolymphe, der Körperflüssigkeit, weitergeleitet und im Organismus verteilt.

1. Pflanzliche Insektizide

Die aus bestimmten Pflanzenteilen gewonnenen Insektizide, deren Einsatz seit frühesten Zeiten bekannt ist, haben durch die modernen synthetischen Kontaktinsektizide, besonders auf dem Gebiet des Pflanzenschutzes, ihre Bedeutung verloren. Sie sind in ihrer Wirkung und auch aus finanziellen Gründen gegenüber den heutigen Insektiziden nicht konkurrenzfähig. Wegen ihrer geringen Toxizität, mit Ausnahme des Nikotins, gewinnen sie ein Interesse auf dem Gebiet des Vorratsschutzes und der Hygiene. Durch äußere Einflüsse der Luft und des Lichtes werden sie — und das gilt auch für das Nikotin — schnell abgebaut, so daß sie keine Rückstände hinterlassen. Auch im Organismus werden sie schnell zu nicht toxischen Spaltprodukten abgebaut und ausgeschieden. Diese beachtenswerte Eigenschaft hat wohl dazu geführt, daß sie ihre Rolle noch nicht ausgespielt haben, sondern daß sie zwar eine kleine und bescheidene, aber doch feste Position auch in der Zukunft einnehmen werden.

Die insektiziden Naturstoffe haben das besondere Interesse der Chemiker gewonnen, denen es in vielen Fällen gelungen ist, die Konstitution der wirksamen Prinzipien dieser Stoffe zu ermitteln. Die hierbei gewonnenen Erkenntnisse über die Konstitution und biologische Aktivität können sich evtl. befruchtend auf die Forschungsarbeiten zur Entwicklung synthetischer Insektizide auswirken.

a) Pyrethrum. Der Wirkstoff befindet sich in der Blüte verschiedener *Chrysanthemum*-Arten bis zu einem Gehalt von 2%. Mit geeigneten Lösungsmitteln extrahiert man den Wirkstoff, und nach Einengung im Volumen und Abtrennung der Verunreinigungen werden 25%ige Konzentrate hergestellt. In der Hygiene und im Vorratsschutz erlangen pyrethrumhaltige Präparate zunehmende Bedeutung. Mit den Synergisten Piperonylbutoxyd und Sesamöl wird die Insektizidität erhöht, die auf einer reinen Kontaktwirkung beruht.

Von Staudinger und Buzicka ist die Struktur der insektizid wirksamen Komponenten ermittelt worden, wobei Pyrethrum I als wirksamstes Prinzip folgende Strukturformel besitzt:

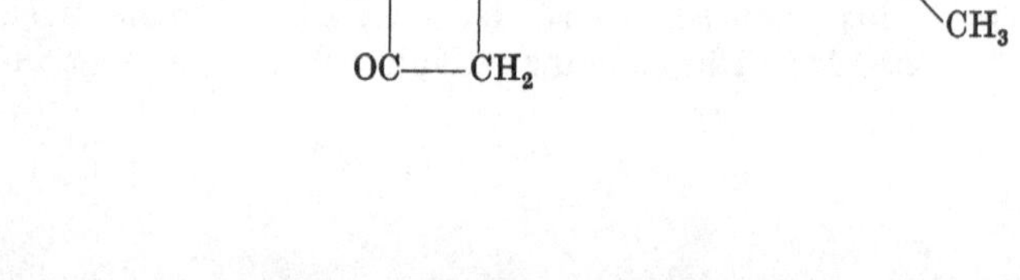

Die Aufklärung der Struktur hat dann die Grundlage zur Synthese einer sehr ähnlichen, insektizidwirksamen Verbindung, dem Allethrin, gebildet. Die Toxizität beträgt per oral bei der Ratte 1500 mg/kg. Man kann den Wirkstoff als völlig ungiftig beurteilen, weil chronische Vergiftungserscheinungen fehlen.

Im Pflanzenschutzmittelverzeichnis 1962 der Biologischen Zentralanstalt werden an Pyrethrum-Präparaten genannt: „Delicia-Pflanzol" (Pyrethrum + Lindan + Piperonylbutoxyd), „Delicia-Py-Aerosol" auf Basis Pyrethrum + Piperonylbutoxyd, angewandt als Nebelmittel in Speichern und Mühlen. Hersteller: Chem. Fabrik Delicia, Delitzsch. Ferner das „Original-Sprüh-Panol" nur auf Pyrethrumbasis zur Entwesung leerer Speicher, der Firma Panol Hans Tetzner K.-G., Leipzig.

b) Nikotin. Schon Mitte des 18. Jahrhunderts berichtet das Schrifttum von dem Einsatz des Nikotins in der Schädlingsbekämpfung. Zur Zeit findet es noch Anwendung zur Bekämpfung von Gewächshausschädlingen. Es könnte evtl. künftig in den Fällen an Bedeutung gewinnen, wo sich bei Blattläusen eine Resistenz gegen Phosphoresterverbindungen entwickelt hat. Der Wirkstoff wird aus den Blattrippen des Tabaks (*Nicotiana tabacum* L.) gewonnen und kommt dann als Tabaklauge, Rohnikotin, Reinnikotin oder Nikotinsulfat zur Anwendung. Die freie, nicht an Säuren gebundene Alkaloidbase ist das wirksame Prinzip, dessen Struktur von PINNER aufgefunden worden ist und als β-Pyridyl-α-methylpyrrolidin bezeichnet wird; es hat folgende Strukturformel:

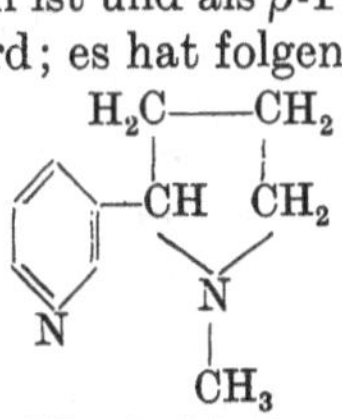

Wegen seiner hohen Flüchtigkeit wirkt es vorwiegend als Atemgift und nur in geringem Maße als Fraß- oder Kontaktgift. Bekannt ist die starke Giftigkeit des Nikotins, so beträgt die tödliche Dosis für den Menschen 60 mg (Präparate gehören der Giftabteilung I an). Die

Oxydation des Nikotins durch den Luftsauerstoff und die Flüchtigkeit bewirken, daß innerhalb kurzer Zeit keine toxischen Rückstände hinterbleiben. Wegen der hohen akuten Toxizität werden zur Sicherheit als Karenzzeit 8 Tage gefordert. Erwähnenswert ist noch die abschreckende Wirkung auf Bienen, so daß Nikotinmittel, sofern die Flugbienen nicht direkt getroffen werden, als bienenunschädlich anzusehen sind.

Hydra-Nicofum (Chem.Fabrik Hydra, Petzold u. Co.) und Nikotin 95–98% (Chem. Werke Doberan m.b.H. in Verw.) sind zwei im Handel befindliche Präparate.

c) Sonstige pflanzliche Insektizide. Es sei zunächst das Rotenon genannt, das aus der Wurzel der Leguminose *Derris elliptica*, einer tropischen Pflanze, gewonnen wird, die im Durchschnitt ca. 2–6% des Insektizids enthält. Der Wirkstoff, ein Fraß- und Kontaktgift, ist wegen seiner hohen Oxydationsempfindlichkeit wie Nikotin sehr instabil und daher von geringer Wirkungsdauer. Die äußerst komplizierte Struktur des Naturstoffes hat der deutsche Biochemiker BUTENANDT aufgeklärt.

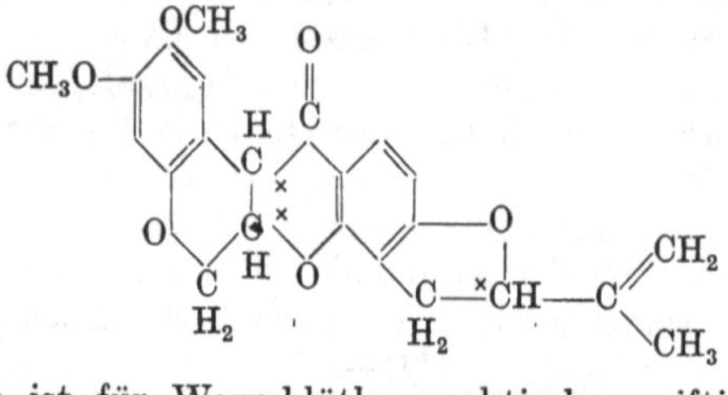

Rotenon ist für Warmblütler praktisch ungiftig, denn die LD 50 per os beträgt bei Ratten 3000 mg/kg. Bislang fand Rotenon Anwendung zur Bekämpfung der Dasselfliege.

Quassia, aus dem Holz von *Quassia amara* (Bitterholz) gewonnen, diente bis in unsere Zeit als ein Spezifikum gegen die Pflaumensägewespe. Die Struktur des Wirkstoffes ist unbekannt.

Anabasin wird aus einer in der UdSSR, Zentralasien, Türkei, Syrien und Nordafrika wachsenden Art der

Gänsefußgewächse (Chenopodiaceen) *Anabasis aphylla* gewonnen. In geringer Menge ist es auch im Tabak enthalten.

Ryania wird aus Stengeln und Wurzeln einer in Südamerika vorkommenden Pflanze *Ryania speciosa* gewonnen. Der Wirkstoff, das Alkaloid „Ryadonin", kommt als Präparat in Amerika zur Anwendung. In Kanada ist es mit Erfolg gegen den Apfelwickler eingesetzt worden. Gegenüber Pyrethrum und Rotenon zeigt sich eine höhere Stabilität gegen äußere Einflüsse. Ryadonin soll 14 bis 15mal wirksamer sein als Rotenon. Die Toxizität ist wie bei anderen pflanzlichen Insektiziden äußerst gering, praktisch ist es für Warmblütler ungiftig.

2. Anorganische Insektizide

Im Gegensatz zu den pflanzlichen Insektiziden ist diese Wirkstoffgruppe zur völligen Bedeutungslosigkeit herabgesunken. Die Arsen- und Fluorverbindungen sind in den Pflanzenschutzmittelverzeichnissen der DDR und Westdeutschlands nicht mehr zu finden. Ihre Produktion ist eingestellt, so daß sie nur noch historisches Interesse haben. Die hohe Giftigkeit dieser Mittel gegenüber Mensch und Nutztier gab schon immer den Anlaß dazu, nach anderen Wirkstoffen zu forschen, die weniger toxisch sind. Ein weiteres, besonderes Kennzeichen war ihre große Stabilität, denn Feuchtigkeit, Sonnenbestrahlung und Luftsauerstoff trugen nicht zu ihrer Veränderung bei. Ihre Insektizidität beruhte allein auf ihrer Fraßgiftwirkung. Mit diesen Eigenschaften beeinflußten sie nur geringfügig die Biozönose und störten das natürliche Gleichgewicht nicht, das, wie bereits erwähnt, bei den mit großer Breitenwirkung ausgezeichneten Kontaktinsektiziden einige Sorgen bereitet. So besteht in der modernen Insektizidforschung auch das Bestreben, nach Wirkstoffen mit reiner Fraßgiftwirkung Ausschau zu halten, die in ihrer Toxizität wesentlich günstiger liegen als z. B. die Arsenmittel und denen ein anderer Wirkungsmechanismus als den Kontaktinsektiziden zugrunde liegt, um damit auch Resistenzerscheinungen wirksam begegnen zu können.

Unter den Arsenverbindungen nahm das Calciumarsenat $Ca_3(AsO_4)_2$, kurz Kalkarsen genannt, den wichtigsten Platz ein. Es wurde in großen Mengen bei der Bekämpfung des Kartoffelkäfers und bei Raupenkalamitäten im Forst eingesetzt. Im Obstbau hatte das Bleiarsen ($PbHAsO_4$) als Spritzbrühe zur Bekämpfung des Apfelwicklers infolge seiner langen Wirkungsdauer eine besondere Bedeutung erlangt.

Die Fluorverbindungen Natriumfluorid Na_2F_2 und das Natriumsilikofluorid $Na_2Si_4F_6$ wurden Ködermitteln beigegeben und dienten zur Bekämpfung von Ratten, Mäusen, Maulwurfsgrillen, Grillen, Erdraupen, Tipulidenlarven, Zwiebelfliegen und Ameisen.

Unter den anorganischen Insektiziden kamen auch Verbindungen des Quecksilbers (zur Kohlfliegenbekämpfung), Thalliums, Antimons, Selens, Schwefels, Bors und Bariums zur Anwendung.

3. Chlorierte Kohlenwasserstoffe

a) DDT. Lange bevor die insektiziden Potenzen des DDT entdeckt worden sind, hatte der Österreicher Othmar ZEIDLER 1873 die Verbindung bereits in seiner Inaugural-Dissertation beschrieben. Die Verbindung wurde durch Kondensation von Chlorbenzol und Chloral (Trichloracetalaldehyd) gewonnen. 66 Jahre vergingen, ehe es Paul MÜLLER in der Schweiz in den Laboratorien der Firma Geigy gelang, die insektizide Wirkung, die hauptsächlich auf einer Kontaktwirkung beruht, zu entdecken. Paul MÜLLER (1955) berichtet selbst, welches Ziel er sich gesetzt hatte, als er 1935 mit seinen Arbeiten auf dem Gebiet der Insektizidforschung begann. Er forderte ein Insektizid, das nach Möglichkeit folgende Bedingungen erfüllen sollte: „1. große Toxizität gegenüber Insekten, 2. rascher Eintritt der toxischen Wirkung, 3. keine oder nur geringe Toxizität gegen Warmblütler und Pflanzen, 4. keine Reizwirkung und kein unangenehmer Geruch, 5. der Wirkungsbereich sollte möglichst hoch und groß sein und sich auf möglichst viele Arthropoden erstrecken, 6. lange Dauer der Wirkung, d. h. große chemische Stabilität und 7. niedriger Preis, d. h. ökonomisch in der Anwendung". Nach verhältnismäßig kurzer Zeit, 3—4jähriger Forschertätigkeit, gelang es 1939, diejenige Verbindung aufzufinden, die fast in idealer Weise all den oben genannten Forderungen gerecht wurde. Wenn auch ein glücklicher Treffer meistens bei großen und entscheidenden Entdeckungen einen maßgeblichen Anteil hat, so zeigte doch der Forscher, daß zielstrebige Arbeit dieser Entdeckung vorausgegangen war und daß es sich nicht um einen reinen Zufall handelte. Bei den Arbeiten mit Mottenschutzmitteln zeigte sich, daß Substanzen der allgemeinen Formel

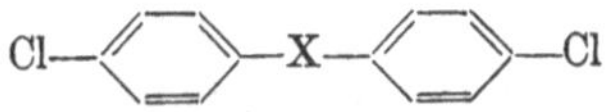

gute Fraßgifte für Motten sind. Andererseits war von anderen Forschern festgestellt worden, daß die Verbindung Diphenyltrichloräthan bereits beachtenswerte, kontaktinsektizide Potenzen aufwies.

Das DDT mit der chemischen Bezeichnung Dichlordiphenyltrichloräthan und der Vergleich mit der Strukturformel zeigt die nahe Verwandtschaft zu der zuvor genannten Verbindung:

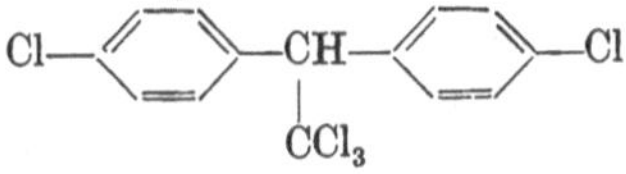

Bei der technischen Gewinnung entstehen von dem eigentlich insektizid wirksamen p.p'-Dichlordiphenyltrichloräthan ca. 68%, außerdem ca. 22% 0.p'-Dichlordiphenyltrichloräthan und ca. 10% Verunreinigungen verschiedener Art. Die geringe Flüchtigkeit der p.p'-Verbindung beruht auf einem sehr niedrigen Dampfdruck, der 1,3 × 10^{-7} mm Hg bei 20 °C beträgt. In Wasser ist der Wirkstoff praktisch unlöslich, dagegen als lipoidlöslicher Stoff in einer Reihe von organischen Lösungsmitteln (Äther, Aceton, Benzol, Xylol, Trichloräthylen u. a.) löslich. Alkalisch reagierende Stoffe bewirken die Abspaltung von Chlorwasserstoff (HCl) und führen die Wirksubstanz zur insektizidunwirksamen Verbindung p.p'-Dichlordiphenyldichlorchloräthylen. Dieser Abbau (Dehydrochlorierung) findet auch durch Enzyme im Organismus der Fliegen statt, wobei resistente Fliegenstämme in verstärktem Maße diesen enzymatischen Abbau aufweisen. Gegen Licht und Luftsauerstoff ist das Molekül sehr beständig.

Die akute Toxizität beträgt oral bei Ratten ca. 300 mg/kg, wobei die Zubereitungsform einen Einfluß auf die Toxizität ausübt. So besitzt eine DDT-Suspension im Gummi arabicum, bei Ratten oral gereicht, eine LD 50 von ca. 500 mg/kg, in Olivenöl gelöst, dagegen von etwa 180 mg/kg. Große Tiere sind im Vergleich zu kleinen Tieren gifttoleranter. Wird das DDT als feste Substanz durch den Mund aufgenommen, so schätzt man die Toxizität beim Menschen mit 300—500 mg/kg ein. In oben beschriebener Lösung, bei der durch den Ölanteil die Passage durch das Darmepithel gefördert wird, können bereits 200 mg/kg und geringere Dosen für den Menschen tödlich wirken.

Durch die Lipoidlöslichkeit des DDT-Moleküls kann der Wirkstoff in Fettsubstanzen des Körpers gespeichert werden, und darüber hinaus kann die Speicherung auch in allen Organen mit einem mehr oder minder großen Fettgehalt, wie Herz, Leber, Niere, Milz und auch im geringen Maße Gehirn, Rückenmark und Lunge, auftreten. Auf Grund dieser Tatsache gewinnt das DDT auch im Hinblick auf eine chronische Toxizität Interesse. Milchkühe, die in den USA in vierwöchentlichem Abstand mit einem 5%igen Mittel zur Ectoparasitenbekämpfung besprüht wurden, zeigten 2 Wochen nach der 5. Behandlung 15 ppm (15 mg/kg) DDT im Körperfett. Mit der

Milch kann das DDT von den Kühen wieder ausgeschieden werden und gelangt so in die aus Milch bereiteten Produkte, wie Butter und Käse, in sehr angereicherter Weise; so fand man u. a. in der Butter 65 mg/kg. Der Toleranzwert für DDT wird nach amerikanischen Untersuchungen auf behandeltem Erntegut mit 7 ppm (7 mg/kg) angegeben. Wegen der kumulierenden Wirkung des DDT ist in den USA der Gebrauch dieser Wirkstoffpräparate zur Behandlung des Weideviehes und in Milchviehställen untersagt. Für die Karenzzeit von DDT-Präparaten werden 30 Tage gefordert.

DDT wirkt vorwiegend als Kontaktgift und zusätzlich als Fraßgift. Wegen der geringen Flüchtigkeit wirkt es nicht als Atemgift. Im Vergleich zu anderen Insektiziden wird bei Temperaturerniedrigung innerhalb eines bestimmten Temperaturbereiches die Wirkung erhöht. So ist bei Schaben festgestellt worden, daß die LD 50/Schabe im Kontaktversuch bei 14,5 °C 2,1 γ und bei 32 °C 40,8 γ ($1\,\gamma = 1/1000$ mg) beträgt. Die unterschiedliche Durchlässigkeit der Epikutikula soll die Ursache dieser sonst nicht üblichen Temperaturabhängigkeit sein.

Unter der weltbekannten Präparatbezeichnung Gesarol ist der DDT-Wirkstoff als 5%iges Stäubemittel, als 50%iges Spritzpulver (wettable powder), als emulgierbares Konzentrat und als Nebelmittel im Pflanzenschutz zum Einsatz gelangt. In den ersten Jahren nach der Entwicklung des DDT war naturgemäß sein Anwendungsbereich größer, als es heute der Fall ist. Wegen des Fehlens einer Atemgiftwirkung ist es den Phosphorester-Verbindungen und den HCH-Präparaten in der Initialtoxizität unterlegen. Letzteren Präparaten gegenüber ist es auch als Mittel zur Bekämpfung von Bodenschädlingen infolge der mangelnden Gasphase weit weniger wirksam. Die Gesarol-Präparate haben die giftigen Arsenmittel zur Bekämpfung beißender Insekten aus dem Pflanzenschutz verdrängt. Besonders gelegen kamen die DDT-Präparate in den USA, wo der Apfelwickler gegen Bleiarsen, wie schon erwähnt, resistent geworden war.

Gerade wegen der hohen Wirkungsdauer wird DDT zur Bekämpfung des Apfelwicklers, dem Obstschädling Nr. 1, bevorzugt eingesetzt. Der Einsatz des DDT ist dann besonders angebracht, wenn der Schädlingsbefall sich über einen längeren Zeitraum erstreckt, indem z. B. aus sukzessiv erfolgter Eiablage des Apfelwicklers die immer neu schlüpfenden Räupchen abgetötet werden. Zur Bekämpfung von Raupen wird DDT noch immer eingesetzt, z. B. zur Bekämpfung des in Südosteuropa sehr verbreiteten weißen Bärenspinners (*Hyphantria cunea*). Auch die Kirschfruchtfliege wird hauptsächlich mit DDT-Mitteln in Form eines Kaltnebels mit bestem Erfolg bekämpft. Heute wird an Stelle des DDT Methoxychlor wegen der geringeren Toxizität empfohlen. Im Obstbau ist mit Erfolg DDT eingesetzt worden u. a. gegen Apfelblütenstecher, Pflaumenwickler, Himbeer- und Erdbeerkäfer, Frostspanner und Stachelbeerblattwespe. Im Weinbau hat das Gesarol bei der Bekämpfung des Heu- und Sauerwurmes die giftigen Arsenmittel völlig verdrängt, ohne daß Geschmack und Gärfähigkeit des Weines beeinträchtigt werden. Im Gemüsebau findet es bei uns speziell gegen Kohlweißling und Zwiebelfliege Anwendung. Außerdem werden erfaßt die Spargelfliege, Kohldrehherzmücke, Erbsenblattrandkäfer, Kohlschabe, Erbsengallmücke u. a. Ebenso wie im Weinbau löste das DDT die Arsenmittel aus den Bekämpfungsaktionen gegen den Kartoffelkäfer ab. Außerdem ist es im Ackerbau gegen Rapsglanzkäfer, Erdflöhe, Rübenaaskäfer, Schildkäfer mit Erfolg eingesetzt worden. Im Forst wirkt es z. B. gegen Nonne, Kiefernspanner, Lärchenwickler, Eichenwickler. Maikäfer und Blattwespen werden besser mit HCH-Mitteln bekämpft. Die längere Latenzzeit des DDT-Insektizids läßt nach der Behandlung den Erfolg nicht gleich sichtbar werden, was oft fälschlicherweise als Unwirksamkeit gedeutet wird.

Durch die Kombination des DDT mit dem durch hohe Initialtoxizität ausgezeichneten γ-HCH wird diesem Übelstand der geringeren Anfangswirkung begegnet. Diese

Kombinationspräparate werden nach der Beschreibung des HCH noch einmal genannt.

Zum Abschluß der Betrachtung des DDT sei der Bedeutung dieses Wirkstoffes auf dem Gebiet der Hygiene gedacht. Gerade während des zweiten Weltkrieges und in den Notzeiten nach dem Kriege ist Millionen Menschen durch Ausschaltung von Seuchen (Malaria, Flecktyphus) das Leben erhalten geblieben. Mit DDT war es gelungen, südeuropäische Länder praktisch malariafrei zu machen. Trotz dieser bisher noch nie dagewesenen Bekämpfungserfolge muß die Anwendung des DDT unter Beachtung seiner chronischen Toxizität eine Einschränkung erfahren. In der Human- und besonders in der Veterinärhygiene soll das DDT, bei dessen Anwendung in der Parasitenbekämpfung Mensch und Tier mit dem Wirkstoff selbst in Berührung kommen, durch andere, weniger toxische Mittel ersetzt werden. Andererseits zwingen auch die Resistenzerscheinungen zum Einsatz anderer Wirkstoffe. Aus Gründen der chronischen Toxizität werden auf dem Gebiet des Vorratsschutzes die DDT-Mittel, sofern die gespeicherten Nahrungs- und Genußmittel bei der Bekämpfungsaktion mit dem Insektizid in Berührung kommen, ausgeschaltet.

Nach dem Pflanzenschutzmittelverzeichnis der DDR 1962 gibt es für den Pflanzenschutz folgende DDT-Präparate: Bercema-D5-Staub, Bercema-Spritzpulver D 50, Bercema-Spritzpulver D 80 und Bercema-Bekrustal (VEB Berlin-Chemie), Fekama-Staub, Fekama 20 (VEB Fettchemie, Karl-Marx-Stadt).

b) Methoxychlor*. Der insektizide Wirkstoff Methoxychlor ist eine dem DDT sehr ähnliche Verbindung, was aus der vergleichenden Betrachtung der Strukturformeln beider Verbindungen ohne weiteres hervorgeht. Es wird chemisch als p.p'-Dimethoxy-diphenyl-trichlor-methylmethan bezeichnet mit folgender Strukturformel:

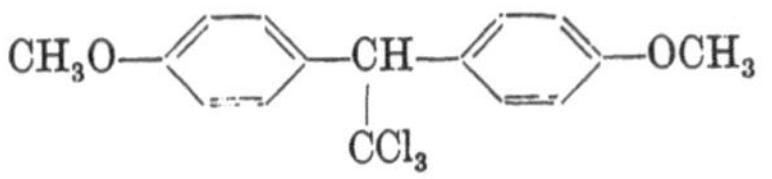

Die höheren Herstellungskosten dieses Wirkstoffes im Vergleich zu DDT haben es verhindert, daß Methoxychlor trotz der weitaus geringeren akuten Toxizität (nach LEHMANN beträgt die LD 50 per os bei der Ratte 6000 mg/kg) und des fast völligen Fehlens einer chronischen Toxizität sich in Deutschland und den anderen Ländern Europas einbürgerte, sondern daß es vorwiegend nur in den USA angewandt wird. Der Wirkstoff hat außerdem noch den Vorzug, nicht so phytotoxisch (wie DDT gegenüber der Familie der Gurkengewächse-Cucurbitaceen) zu reagieren. Die hohe Initialtoxizität und die geringe Giftigkeit machten es sehr geeignet zur Bekämpfung von Haushaltsungeziefer und Ektoparasiten an Haustieren, besonders an Kühen, da dieses Insektizid nicht im Fettgewebe der Warmblütlerorganismen gespeichert wird. Bei Bekämpfungsversuchen gegen die Kirschfruchtfliege führt es im Vergleich zu DDT zu derselben Wirkung, und wegen der geringen Toxizität empfiehlt man seine Anwendung gegen diesen Schädling.

Zwei weitere DDT-Analogen werden im Schrifttum noch genannt: das Difluordiphenyltrichloräthan (DFDT) und das Dichlordiphenyldichloräthan (DDD). Wegen der geringen Bedeutung dieser Wirkstoffe mag allein dieser Hinweis genügen.

c) Hexachlorcyclohexan (HCH* oder BHC*). Es ist eigentümlich, daß die insektizide Eigenschaft des Hexachlorcyclohexans, die durch die hohe Initialtoxizität oder knock-down-Wirkung in kürzester Zeit sehr augenfällig wird, noch länger als beim DDT verborgen blieb, denn bereits 1825 hat Michael FARADAY diese Verbindung aus Benzol und Chlor unter dem Einfluß des Sonnenlichtes mit der Zusammensetzung $C_6H_6Cl_6$ hergestellt. So vergingen über 100 Jahre, bis 1941 DUPIRE in Frankreich und unabhängig davon 1942 THOMAS in England (zit. PERKOW 1956) die insektizide Wirkung des HCH feststellten. Der letztgenannte Forscher ermittelte dann auch, daß nur dem in dem technisch gewonnenen Isomerengemisch des HCH vorhandenen γ-Isomer allein die insektentötende Eigenschaft zuzuschreiben ist. Dieses γ-Isomer hat zum ersten Male 1912 der holländische Chemiker T. VAN DER LINDEN isoliert, und ihm zu Ehren wird ein HCH-Produkt, das über 99% γ-HCH enthält, mit Lindan bezeichnet. Die Chlorierung des Benzols, nach verschiedenen Verfahren durchgeführt, liefert ein technisches Roh-HCH mit folgender Isomerenzusammensetzung:

60—70% α-Isomere	8—10% δ-Isomere
5— 8% β-Isomere	ca. 3% ε-Isomere
10—16% γ-Isomere	

Man versucht erstens den γ-Anteil im Roh-HCH zu erhöhen und zweitens die Extraktion des γ-HCH aus dem Roh-HCH möglichst verlustlos zu gestalten, um nicht mit den Extraktionsrückständen zu viel γ-HCH zu verlieren. Außerdem werden die in hohen Mengen anfallenden Rest-Isomeren zum Problem, deren Aufarbeitung und Verwendung die Chemiker intensiv beschäftigen.

Durch photokatalytische Anlagerung von 6 Chloratomen an die 3 Doppelbindungen des Benzolmoleküles entsteht das Hexachlorcyclohexan $C_6H_6Cl_6$ mit folgender Strukturformel:

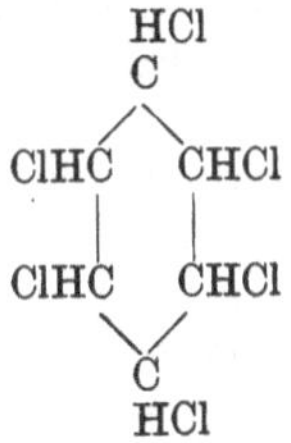

Die einzelnen Isomeren unterscheiden sich in ihrem Aufbau durch räumlich verschiedene Anordnung ihrer Atome im Molekül. Die α-, β-, δ- und ε-Isomeren sind biologisch inaktiv und, wie auch durch Untersuchungen des Verfassers festgestellt wurde, beeinflussen sie nicht die insektizide Wirkung des γ-HCH. Die allein dem γ-HCH zukommende biologische Aktivität ist ein Beispiel dafür, daß nur das Molekül mit bestimmter räumlicher Struktur als

Ganzes die Insektizidität bestimmt und nicht besondere Gruppen im Molekül. Welche Fermentsysteme vom γ-HCH blockiert oder welche Wechselwirkung mit ihnen besteht, ist unbekannt. Theoretisch vermutet man u. a., daß eine Wechselwirkung mit dem ähnlich aufgebauten meso-Inosit (Hexaoxycylohexan) besteht. Dieser Stoff ist als Wuchsstof mit Vitamincharakter bekannt, und er soll auch im Zellstoffwechsel eine Bedeutung haben.

Der Dampfdruck des γ-HCH beträgt 0,03 mm bei 20 °C. Aus diesem Dampfdruck resultiert eine relativ hohe Flüchtigkeit, der der Verbindung in bezug auf den Wirkungsmechanismus daher folgende Eigentümlichkeiten verleiht: Erstens macht der Besitz einer ausgeprägten Gasphase das γ-HCH im Gegensatz zum DDT zu einem Atemgift. Dadurch erhält es einmal eine hohe Initialtoxizität (Sofortwirkung) und zum anderen eine geringe Wirkungsdauer. Zweitens ist im Gegensatz zum DDT festgestellt worden, daß in vielen Fällen die Fraßgiftwirkung an erster Stelle steht und nach der Atemgiftwirkung die Kontaktwirkung erst an dritter Stelle folgt. Diese dreifache Giftwirkung, die das Insekt gleichzeitig an verschiedenen Angriffspunkten erfassen kann, erklärt die große Wirkungsbreite. Drittens ist vielfach bewiesen worden, daß das Insektizid in geringem Maße in das pflanzliche Gewebe eindringt und auch mit dem Saftstrom transportiert werden kann. Die erfolgreichen Bekämpfungen mit Hilfe der Bodenbehandlung und Saatgutinkrustierung z. B. bei Rapserdfloh, Kohlfliege, Möhrenfliege, Fritfliege und Roggengallmücke weisen auf eine gewisse systemische Wirkung hin. Werden nur die unteren Teile des Fiederblattes der Kartoffel mit HCH behandelt, so zeigt sich nach gewisser Zeit, daß die vom Kartoffelkäfer befressenen oberen, unbehandelten Teile des Fiederblattes insektizid geworden sind. Die, wenn auch nur schwach ausgebildete systemische Wirkung und die Gasphase der HCH-Präparate verleihen ihnen auch eine gute Wirkung gegen Blattläuse und andere saugende Insekten.

Die Toxizität gegen Warmblütler beträgt nach LEHMANN (per os LD 50) 125 mg/kg Ratte bei γ-HCH und beim technischen HCH 600 mg/kg Ratte. Die anderen Isomeren sind weniger giftig als das γ-HCH. In staubförmiger Formulierung beträgt die tödliche Dosis für den Menschen ca. 200 mg/kg, in Öl gelöst, treten bei 17 bis 18 mg/kg schon schwere Vergiftungserscheinungen auf. Resorptionsfördernde Stoffe, wie organische Lösungsmittel, Fette, Emulgatoren machen eine Aufnahme durch die Haut möglich. Auch im Fett der Tiere kann das HCH gespeichert werden. Jedoch ist die chronische Toxizität besonders des γ-Isomeren gering, denn trotz beschleunigter Resorption wird der Wirkstoff bald wieder ausgeschieden bzw. abgebaut.

Die Toleranzwerte belaufen sich für technisches HCH auf 7 ppm und für Lindan auf 10 ppm. Die Karenzzeiten betragen im Obstbau 30, im Gemüse- und Ackerbau einschließlich Futterbau 21 Tage.

Die Anwendung des HCH im Pflanzenschutz erfährt durch bestimmte Nebenwirkungen eine Einschränkung. Es handelt sich besonders um die Geschmacksbeeinträchtigungen und negative Wuchsbeeinflussungen (z. B. Keimschädigungen). Wegen der erhöhten Geschmacksbeeinträchtigungen durch technische HCH-Präparate werden diese nur noch für den Forst empfohlen, und zwar für die Bekämpfung von Bodenschädlingen (Engerlinge) oder aber zur Bekämpfung von Maikäfern und Blattwespen. Für die Landwirtschaft besteht auch aus Gründen der Toxizität die Forderung, nur noch Lindan-Mittel einzusetzen. Spezifisches Anwendungsgebiet dieser Wirkstoffpräparate ist die Bekämpfung von Bodenschädlingen (Engerlinge, Drahtwürmer, Gartenhaarmücken, Erdraupen u. a.). Eine Bodenbehandlung vermag auch die Fritfliege zu bekämpfen. Gewisse Dosierungen im Boden bewirken besonders bei nicht so stark HCH-empfindlichen Pflanzen deutlich sichtbare Wachstumsstimulationen. Bei der Bodenbehandlung wurde vom Verfasser festgestellt, daß folgende Pflanzenfamilien weniger HCHempfindlich sind: Umbelliferen (speziell Möhren), Kompositen, Cruciferen und Gramineen, sofern es sich im letzten Falle um Lindan-Präparate handelt. Besonders Gurkengewächse und dann auch Papilionaceen (Bohnen), Chenopodiaceen (Rüben) und Solanaceen (Kartoffeln) sind wesentlich empfindlicher in der Wuchsbeeinflussung.

Saatgutinkrustierungen können den Befall an Jungpflanzen unterbinden (z. B. Rapserdfloh, Kohlfliege, Möhrenfliege u. a.). Gegen die Zwiebelfliege ist γ-HCH wegen seiner phytotoxischen Wirkung auf die Keimpflanze der Zwiebel nicht anwendbar. Ein ständiger Großeinsatz erfolgt bei der Bekämpfung der Kartoffelkäfer. Gegen die grüne Apfelblattlaus (*Doralis pomi*) ist γ-HCH ein Spezifikum. Bei plötzlichem Masseneinfall von Schädlingen aus Überwinterungsplätzen auf Kulturpflanzen ist der Einsatz der HCH-Mittel infolge ihrer hohen Initialtoxizität besonders wirksam. Das Versagen der Phosphor-Insektizide unter dem Einfluß niedriger Temperaturen bei der Blattlausbekämpfung kann durch den Einsatz von HCH-Mitteln behoben werden (z. B. Bekämpfung der Hopfenblattlaus).

Die große Wirkungsbreite hat dazu geführt, daß der Wirkstoff mannigfaltig formuliert worden ist. So gibt es Stäubepräparate (um 1% Wirkstoffgehalt, in Warmländern wegen der Verdampfung bis 3%), Spritzpulver (wettable powder) mit 50—90% Wirkstoffgehalt, emulgierbare Konzentrate mit 20% Wirkstoffgehalt, Bodenstreumittel (1,5—2%ig), Saatgutpulver 20%ig, Inkrustierungsmittel, Räuchermittel, Heiß- und Kaltnebelpatronen sowie Aero-Sprühmittel.

Folgende HCH-Präparate sind u. a. in der DDR im Einsatz: erstens technische HCH-Präparate, wie Bercema-HCH-Staub, Delicia-Stäubol F, Bercema-Spritz-HCH und Hexabodenstreumittel-Forst, und zweitens Lindan-Präparate, wie Arbitex-Staub, Delicia-Stäubol, Arbitex-Spritzpulver, Bercema-Spritz-Lindan 50, Bercema-Ruscalin, HL-Spritz- und Gießmittel, Arbitex-Aerosprühmittel, Bercema-Inkrustierungsmittel, Fekama BK, Fekama-Streumittel, Dratex, Streu-Gammatox. Folgende Firmen sind an der Herstellung dieser Präparate beteiligt: VEB Fahlberg-List, Magdeburg; VEB Berlin-Chemie, Berlin-Adlershof; VEB EKB Bitterfeld; VEB Fettchemie, Karl-Marx-Stadt; Delicia, Delitzsch.

d) HCH/DDT-Kombinationen. Die größere Breitenwirkung des γ-HCH gegenüber dem DDT hätte evtl. dazu führen können, den letzteren Wirkstoff zu verdrängen. Das trat nicht ein, vielmehr bestehen beide Wirkstoffe nebeneinander und nehmen unter den Insektiziden einen vorrangigen Platz ein. Sie unterscheiden sich in bestimmten Eigenschaften, (Atemgiftwirkung, Wirkungsdauer, Initialtoxizität, Latenzzeit), so daß ihnen entsprechende Anwendungsgebiete zukommen. Bei der Bekämpfung von Raupen und außerdem von Schädlingen mit langen Zuwanderungszeiten ist den DDT-Präparaten der Vorzug zu geben. Um den Bekämpfungseffekt zu erhöhen, hat man durch eine Kombination von HCH mit DDT die charakteristischen Eigenschaften, die beiden Wirkstoffen eigentümlich sind, vereint, so z. B. eine hohe Gaswirkung des HCH mit einer großen Kontaktwirkung des DDT. Wegen ihrer hohen Breitenwirkung und ihrer Wirkungsintensität werden sie auf dem Gebiet des gesamten Pflanzenschutzes bevorzugt eingesetzt.

Es stehen auch in der DDR eine Anzahl von DDT-Lindan-Mitteln zur Verfügung: Bercema-Aktivstaub, Duplexan, Fekama-Kombi-Staub, Bercema-Spritzaktiv, Bercema-Spritzaktiv-Emulsion, Bercema-Spritzaktiv 80, Dimuxan, Dimuxan spezial, Duplexan-Spritzpulver 50, Duplexol, Duplinon, Fekama extra, Insektizides Flugzeugsprühmittel Fl/58 — und 59, Bercema-Aero-Sprühmittel und — 3 L, Fekama-Nebelmittel und Kombi-Aerosol F, Ring-Detexol, Hylotox 59, Silvexol-Neu. Die Herstellerfirmen sind VEB Berlin-Chemie, VEB EKB Bitterfeld, VEB Farbenfabrik Wolfen und VEB Fettchemie, Karl-Marx-Stadt.

e) Toxaphen*, ein in den USA in den Laboratorien der Hercules Powder Corp. entdecktes Insektizid, ist chemisch ein chloriertes Camphen. Camphen selbst leitet sich aus dem Hauptbestandteil des Terpentinöls, dem Pinen, ab, das durch die Einwirkung bestimmter Katalysatoren in der Hitze zu Camphen umgewandelt wird und ein Zwischenprodukt der synthetischen Kampfergewinnung ist. In das in Tetrachlorkohlenstoff gelöste Camphen wird unter dem Einfluß ultravioletten Lichtes Chlor eingeleitet, und es entsteht ein sogenanntes chloriertes Camphen, auch „Polychlorcamphen“ genannt, mit einem Chlorgehalt von 67–69% und einer Zusammensetzung von $C_{10}H_{10}Cl_8$. Es stellt eine Mischung von Isomeren dar. Bei der Einwirkung von Chlor auf Camphen kann die Reaktion eine Substitution, Addition, Umlagerung oder eine Kombination dieser Prozesse sein. Die Strukturformel ist bisher noch unbekannt. Der Wirkstoff ist eine gelbe bis braune Masse von wachsartiger Konsistenz, die bei höheren Temperaturen in den flüssigen Zustand übergeht. Gleich den bisher besprochenen chlorierten Kohlenwasserstoffen spaltet es im alkalischen Medium Salzsäure ab, außerdem tritt diese Säureabspaltung unter dem Einfluß des Lichtes auf, besonders des Sonnenlichtes, und bei Temperaturen über 155 °C. Eisenverbindungen beschleunigen katalytisch die Salzsäureabspaltung, mit der in allen Fällen ein Nachlassen der insektiziden Wirkung einhergeht. In Wasser ist Toxaphen ebenfalls unlöslich, dagegen löst es sich in den bekannten organischen Lösungsmittel gut. Der Dampfdruck ist äußerst niedrig, so daß wie beim DDT eine Atemgiftwirkung entfällt. Der geringe Dampfdruck läßt eine lange Wirkungsdauer zu. Die Initialwirkung ist gering. Aus den bisher genannten Eigenschaften geht hervor, daß das Toxaphen dem DDT sehr ähnelt. So sind ebenfalls die Fraß- und die Kontaktgiftwirkung die einzigen insektiziden Komponenten. Die insektizide Wirkung von Toxaphen- und DDT-Spritzungen verhält sich in bezug auf die Wirkungsdauer ungefähr gleich. Bei der Behandlung des Reismehlkäfers (*Tribolium confusum*) mit Toxaphen beobachtete man nach einer Latenzperiode eine erhöhte Sauerstoffaufnahme in einem dem Tode vorausgehenden Vergiftungsstadium.

Im Gegensatz zum DDT nimmt die Wirkung mit niedrigen Temperaturen wesentlich ab, und erst über +18 °C kommt die Insektizidität vollauf zur Wirkung, so daß also die Anwendung nur bei warmem Wetter vorgenommen werden sollte.

Ein besonderes Interesse gewinnt der Wirkstoff durch seine Bienenungefährlichkeit. So beträgt z. B. die orale toxische Dosis (+25 °C) bei γ-HCH 0,00009 mg/Biene, bei DDT 0,01 mg/Biene und bei Toxaphen 0,055 mg/ Biene.

Es sei an dieser Stelle kurz das Problem Bienenzucht und Pflanzenschutz gestreift. Neben der Erzeugung von Wachs und Honig, eines biologisch hochwertigen Nahrungsmittels, spielt die Blütenbestäubung durch die Bienen in der Landwirtschaft zur Steigerung der Erträge, z. B. im Obst- und Rapsanbau, eine sehr wichtige Rolle. In Anbetracht der Bedeutung der Bienenzucht wurde in der DDR 1951 zum Schutze der Bienen eine Verordnung erlassen, die verhindern soll, daß u. a. durch unsachgemäße Pflanzenschutzmaßnahmen den Bienen Schaden zugefügt wird. So ist die Behandlung blühender Kulturen, die den Bienen als Trachtpflanzen dienen, mit bienengefährlichen Insektiziden verboten. Einbezogen sind hierbei ebenfalls blühende Unterkulturen und blühende Unkräuter. Letztere sind aus den zu behandelnden Kulturen zu entfernen. Leider stellte die Bienenschutzstelle der DDR in Hohen Neuendorf bei Berlin trotz der Bienenschutzverordnung auch 1961 noch erhebliche Bienenverluste fest. Die genannte Dienststelle hat in allen Fragen, welche die Pflanzenschutzmaßnahmen und Bienenzucht betreffen, als Sachverständiger und Schiedsrichter, besonders im Hinblick auf die Schadensursachen und Schadensvergütungen, ihre Entscheidungen zu treffen. Sie prüft u. a. auch, ob ein Pflanzenschutzmittel als bienenungefährlich zu deklarieren ist oder nicht. Bisher können in der DDR unter den insektiziden Pflanzenschutzmitteln nur die Toxaphenpräparate zur Bekämpfung beißender Insekten in blühenden Kulturen ohne Einschränkung eingesetzt werden. Abschließend sei noch darauf hingewiesen, daß oftmals Bienenverluste verursacht werden, wenn Toxaphenpräparate mit Geräten ausgebracht werden, die vorher nicht durch eine intensive Reinigung von den Restmengen bienengefährlicher Insektizide (z. B. Wofatox und Arbitex) befreit worden sind.

Die Toxizität des Toxaphens gegenüber Warmblütlern hängt sehr von der Tierart ab. Der orale akute LD50-Wert beträgt bei Ratten 69 mg/kg, bei Hunden dagegen 20—30 mg/kg. Ebenso sind Katzen, Kälber und Küken sehr empfindlich. Die Empfindlichkeit der Kälber ist besonders bei Toxaphenbesprühungen und Tauchen in toxaphenhaltiges Badewasser zur Ektoparasitenbekämpfung zu berücksichtigen. Werden z. B. 50 mg/kg Toxaphen durch Trinken des Badewassers aufgenommen, so kann es zu tödlichen Vergiftungen kommen.

Auch hinsichtlich der chronischen Vergiftungen bestehen Unterschiede bei den einzelnen Tierarten. Wurde toxaphenhaltiges Futter mit 25 ppm Wirkstoff an Ratten verfüttert, so blieb es ohne Wirkung, bei 100 ppm aber wurden die Tiere getötet. Eine tägliche Verabreichung des Futters mit 10 ppm Toxaphen führte bei einem von zwei Hunden nach 33 Tagen zum Tode. Über eine Speicherung des Toxaphens im Fettgewebe ist noch wenig bekannt. Man nimmt an, daß sie im Vergleich zu anderen chlorierten Kohlenwasserstoffen geringeren Grades ist und nach einer gewissen Zeit der Wirkstoff abgebaut wird. Vor allen Dingen soll die Leber als entgiftendes Organ in der Lage sein, das Toxaphen verhältnismäßig schnell abzubauen. Auch mit der Milch soll dieses Insektizid ausgeschieden werden.

Sehr groß ist die Giftigkeit für Fische. Ein Toxaphengehalt des Wassers von 0,05 ppm wirkt auf alle Fischarten tödlich. Bei Gründlingen (*Gobio fluviatilis*) wirken schon 0,005 ppm tödlich. Bei Lindan sind es 0,5 ppm, die tödlich wirken können.

Als Toleranzwert für Rückstandsmengen werden wie beim DDT 7 ppm angegeben. Die Karenzzeit beträgt in allen Zweigen der Landwirtschaft 30 Tage.

Sein Hauptanwendungsgebiet fand Toxaphen in den Baumwollkulturen bei der Heuschreckenbekämpfung und in der veterinärmedizinischen Entomologie. Im letzten Falle gewinnt es bei der Bekämpfung HCH-resistent gewordener Zecken der Gattung *Boophilus* Bedeutung. Nach

HEDDERGOTT (1958) war Toxaphen in ägyptischen Baumwollkulturen das am meisten angewandte Insektizid. Obwohl manche Insektizide, so z. B. HCH und HCH + DDT, gegen einzelne Baumwollschädlinge besser wirken, wird Toxaphen im Hinblick auf die Schonung der Biocönose der Baumwollfelder bevorzugt. In Europa, speziell auch in der DDR, hat Toxaphen als bienenungefährliches Insektizid eine besondere Bedeutung erlangt, und zwar vorwiegend im Rapsanbau während der Blüte, zur Bekämpfung des Kohlschotenrüßlers (*Ceuthorrhynchus assimilis*) und der Kohlschotenmücke (*Dasyneura brassicae*). Uneingeschränkt, also während des Bienenfluges, können die Toxaphen-Präparate zum Einsatz kommen. Auch gegen andere beißende Schadinsekten während der Blüte sind gute Bekämpfungserfolge erzielt worden, besonders gegen Himbeerkäfer (*Byturus fumatus*), Erdbeerblütenstecher (*Anthonomus rubi*), Erdbeerstengelstecher (*Rhynchites germanicus*), Frostspanner (*Cheimatobia brumata*), Zottiger Blütenkäfer (*Tropinota hirta*), Sägewespe an Birne und Apfel (*Hoplocampa testudinea* und *Hoplocampa brevis*), Kirschfruchtstecher (*Rhynchites auratus*), Spargelkäfer (*Crioceris duodecimpunctata*) und Spargelhähnchen (*Crioceris asparagi*). Sind Kartoffeln von blühenden Unkräutern durchsetzt, so ist der Einsatz von Toxaphen gegen den Kartoffelkäfer durchaus zu empfehlen.

Gegen saugende Insekten ist der Erfolg gering. Gurkengewächse, einige Pflaumensorten, Pfirsiche und Aprikosen sind infolge phytotoxischer Beeinflussungen von einer Toxaphenbehandlung auszunehmen. Parallel zu den DDT-Mitteln hat man bei den Toxaphen-Präparaten einen gewissen Anteil des Wirkstoffes durch einen entsprechenden Anteil γ-HCH ersetzt, um so die relativ lange Latenzzeit zu beheben, aber andererseits die Wirkungsdauer zu erhalten. Mit den erzielten Vorteilen auch hinsichtlich der Wirkungsbreite, ist natürlich die Bienenungefährlichkeit preisgegeben. Ein derartiges Kombinationspräparat ist mit gutem Erfolg bei der Kartoffelkäferbekämpfung anzuwenden.

Es sind folgende Präparate auf Toxaphenbasis in der DDR im Handel: Melipax-Stäubemittel, Melipax-Spritzmittel, Melipax-Aero-Sprühmittel, Delicia-Fribal-Staub und Delicia-Fribal-Emulsion sowie auf Toxaphen-γ-HCH-Basis: Arbimel-Stäubemittel und Arbimel-Aero-Sprühmittel. Die Herstellerwerke sind VEB Fahlberg-List, Magdeburg, und Chemische Fabrik Delicia, Delitzsch.

f) Stroban und andere chlorierte Terpene. Stroban stellt eine Mischung von Heptachlorcamphen, Heptachlorpinen und anderen chlorierten Terpenen dar mit der Summenformel $C_{10}H_{11}Cl_7$. Es enthält 66% Chlor. Die Prüfung der oralen Toxizität ergab bei Ratten und Hunden einen LD 50-Wert von 200 mg/kg. Die Gefahren der chronischen Toxizität sind gering. Der Wirkstoff wird in den USA zur Bekämpfung von Hygieneschädlingen, aber auch zur Abwehr von Schadinsekten in der Landwirtschaft eingesetzt.

In der UdSSR wird ein durch Chlorieren von natürlichem Terpentin gewonnener Wirkstoff, der zum Präparat SK-9 formuliert wird, zur Bekämpfung von Schadinsekten angewandt. Er ist ein Gemisch von chlorierten Terpenen.

g) Chlordan*. Der Wirkstoff ist 1945 von dem Chemiker J. HYMAN in den Laboratorien der Velsicol Corp. Chicago entwickelt worden und bekam zunächst die Bezeichnung „Velsicol 1068". Unabhängig davon entdeckte der deutsche Chemiker RIEMSCHNEIDER zur gleichen Zeit dieselbe Verbindung, der er die Bezeichnung M 410 gab. Nach der Zahl der Chloratome hatte die Verbindung auch den Namen „Octachlor" erhalten. Die Strukturformel zeigt folgendes Bild:

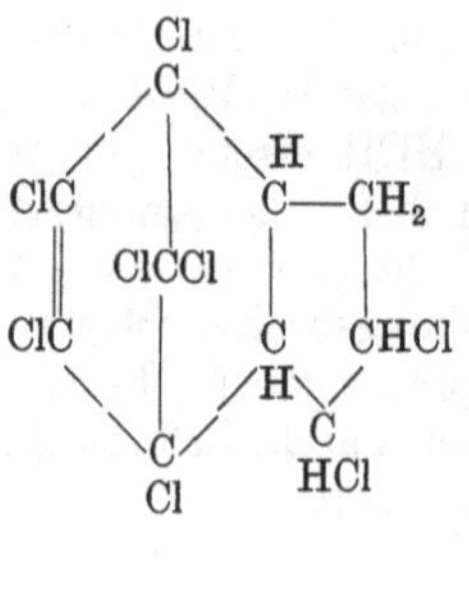

Die vereinfachte, chemische Bezeichnung lautet: „Octachlor-endomethylen-hexahydroinden".

Zur Herstellung von Chlordan wird zunächst Hexachlorcyclopentadien an Cyclopentadien angelagert. Das aus dieser Synthese gewonnene Additionsprodukt Chlorden wird durch Chlorierung zum Chlordan. Der technisch gewonnene Wirkstoff ist eine dunkelbraune, viskose Flüssigkeit, die in organischen Lösungsmitteln, aber nicht in Wasser, löslich ist. Das technische Produkt enthält durchschnittlich 65—70% des reinen Chlordans. Das im technischen Gemisch entstandene Chlordan läßt ein α- und β-Isomere unterscheiden. Die akute Toxizität, die wohl auf Grund der unterschiedlichen Zusammensetzung des technischen Produktes verschieden bewertet wird, beträgt im Durchschnitt bei Ratte oral 500 mg/kg. Im Vergleich zu den bisherigen chlorierten Kohlenwasserstoffen ist die akute Toxizität geringer. Jedoch ist die chronische Giftigkeit weitaus bedenklicher, und die Tatsache, daß außerdem der Wirkstoff durch die menschliche Haut resorbiert wird, machte den Wirkstoff für die Bekämpfung von Hygieneschädlingen ungeeignet. Auch in der Ektoparasitenbekämpfung an Haustieren ist größte Vorsicht geboten, denn Einsprühen junger Kälber mit 1%igen Lösungen führte zum Tode. Eine Speicherung des Wirkstoffes im Fett ist beobachtet worden. Bei Ratten, deren tägliche Kost 2,5 ppm Insektizid enthielt, stellte man im Fett bei Männchen 75 und bei Weibchen 90 ppm fest. 2,5 ppm im täglichen Futter führt bei Ratten zu leichten Leberschäden. 660 ppm im täglichen Futter verursacht bei Hunden nach 4 Wochen den Tod. Der LD 50-Wert bei täglichen Hautapplikationen an Kaninchen beträgt 20—40 mg/kg.

Die insektentötende Wirkung beruht in erster Linie auf der Kontaktwirkung. Aus der Flüchtigkeit der Verbindung, die zwar nicht mit der des γ-HCH vergleichbar ist, resultiert auch eine gewisse Atemgiftwirkung mit geringerer Initialtoxizität. Als dritte insektizide Komponente ist noch die Fraßgiftwirkung zu nennen. So wirkt Chlordan als Wirkstoff in Ködermitteln sehr gut gegen Maulwurfsgrillen, so daß man schon von einer spezifischen Wirkung sprechen kann. Dieses Mittel übertrifft an Wirkung die früher zur Bekämpfung dieses Schadinsekts angewandten Ködermittel auf Natriumsilikofluorid-Basis. Außerdem sind die Chlordan-Mittel sehr viel weniger giftig. Auch gegen Erdraupen ist ihr Einsatz von Erfolg. Chlordan wird als eines der besten Ameisenmittel angesehen. In den USA findet es in der Landwirtschaft vorwiegend bei der Bekämpfung von Baumwollschädlingen und Heuschrecken Anwendung. Die Saatgutinkrustierung von Zwiebelsamen zur Bekämpfung der Zwiebelfliege hat mit Chlordan zu besseren Ergebnissen geführt als mit DDT. Wegen der Atemgiftwirkung kann es wie γ-HCH als Bodenstreumittel zur Abwehr und Vernichtung von Bodenschädlingen, wie Engerlingen, Drahtwürmern u. a., dienen, wobei die Stabilität im Boden etwas höher liegt als beim γ-HCH. Geschmacksbeeinträchtigungen sind identisch mit denen von γ-HCH, und in gleicher Weise müssen sie berücksichtigt werden.

Ebenso wie DDT wird auch Chlordan zur Intensivierung der Sofortwirkung mit γ-HCH kombiniert.

Die Karenzzeit beträgt 30 Tage. Bei Möhren, Rettich und Radieschen ist sie jedoch zu verlängern. Die beiden letzteren sind von einer Behandlung besser auszuschließen.

h) Heptachlor*. Bei Heptachlor und auch den folgenden chlorierten Kohlenwasserstoffen Aldrin, Dieldrin, Isodrin und Endrin handelt es sich um Produkte, deren Entdeckung und Entwicklung mit der Synthese des Chlordans eng verknüpft sind. Allen Verbindungen liegt zu ihrer Herstellung die von den deutschen Chemikern DIELS und ALDER entdeckte Diensynthese zugrunde.

Das dem Chlordan nahe verwandte Heptachlor, das ebenfalls in den USA in den Laboratorien der Velsicol Corp. entdeckt wurde, bezeichnet man chemisch mit Heptachlor-endomethylen-tetrahydroinden. Die Strukturformel zeigt folgendes Bild:

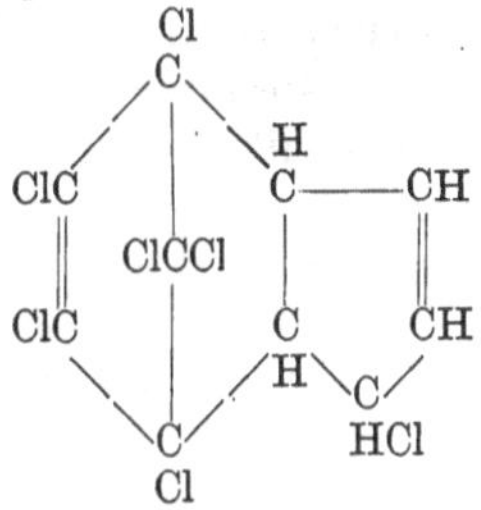

Ausgangsprodukt für die Heptachlorgewinnung ist das während der Chlordansynthese entstehende Zwischenprodukt Chlorden. Verschiedene Syntheseverfahren werden beschrieben, die zur Chlorierung des Chlordens zum Chlor-Chlordan = Heptachlor führen. Das technische Produkt hat eine wachsartige Beschaffenheit und enthält 67% Heptachlor. Im Vergleich zu DDT und Chlordan ist es alkalibeständiger und besitzt eine größere insektizide Wirkung.

Bei Ermittlung der akuten Giftigkeit beträgt der LD 50-Wert oral für Ratten 135 mg/kg, für Meerschweinchen 116 mg/kg und für Mäuse 68 mg/kg. Die Hauttoxizität ist mit der von Toxaphen zu vergleichen. Tägliche Dosen von 5 mg/kg töteten Hunde nach 13—21 Tagen. In anderen Versuchen zur Feststellung der chronischen Toxizität starben bei einer täglichen Dosis von 1 ppm im Futter drei von vier Hunden zwischen 265 und 424 Tagen.

Beachtenswert ist die Feststellung, daß Heptachlor im Körperfett zu einem 2,3-Epoxyd des Heptachlors abgebaut wird. Damit wurde erstmals eine Zwischenstufe der biologischen Oxydation eines chlorhaltigen Insektizids isoliert. Der Toleranzwert ist gering, er beträgt 0,1 ppm.

Heptachlor wirkt als Fraß- und Kontaktgift. In den USA kommt es zum Einsatz gegen Baumwollschädlinge, speziell gegen den mexikanischen Baumwollkäfer, Heuschrecken und Bodenschädlinge. Als Bodeninsektizid ist es in der UdSSR im Maisanbau zur Bekämpfung von Drahtwürmern angewandt worden. In Westdeutschland dient es in Form eines Saatgutpuders ebenfalls zur Bekämpfung von Drahtwürmern und Moosknopfkäfern. Als Inkrustierungsmittel bekämpft es die Zwiebelfliege. Ein Ködermittel vernichtet mit gutem Erfolg Larven der Tipuliden. Auch gegen Larven des Dickmaulrüßlers ist der Wirkstoff mit gutem Erfolg angewandt worden. Geschmacks- und Geruchsbeeinträchtigungen wurden bisher nicht festgestellt. Wie sich der Wirkstoff bezüglich der eben genannten Nebenwirkungen bei Anwendung als Bekämpfungsmittel gegen Bodenschädlinge verhält, ist noch unbekannt. Die Karenzzeit soll 30 Tage betragen. Erdbeeren sind nur vor der Blüte bzw. nach der Ernte zu behandeln. Möhren, Rettich und Radieschen sollten besser von einer Behandlung ausgeschlossen werden.

i) **Aldrin* und Dieldrin***, genannt nach den beiden deutschen Chemikern und Nobelpreisträgern Alder und Diels, werden ebenfalls mit Hilfe der Diensynthese hergestellt. Aldrin trägt die chemische Bezeichnung Hexachlor-hexahydro-(endo, exo)-dimethano-naphthalin und Dieldrin ist Hexachlor-epoxy-octahydro-(endo, exo)-dimethano-naphthalin. Hierzu die beiden Strukturformeln:

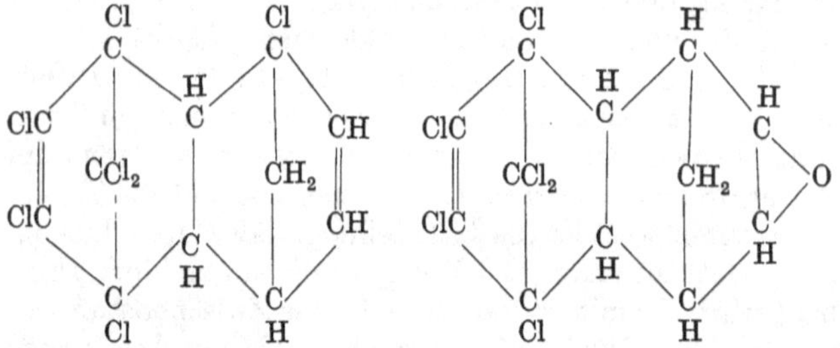

Im Gegensatz zu den bisher besprochenen chlorierten Kohlenwasserstoffen sind Aldrin und Dieldrin im alkalischen Medium stabil. Während das technische Produkt des Aldrins 95% des reinen Wirkstoffes enthält, sind im technischen Dieldrin 85% des Insektizids vorhanden.

Die Toxizität beider Verbindungen ist nicht unbedenklich. Für Aldrin beträgt die akute orale LD 50 bei der

Ratte 67 mg/kg und für Dieldrin 87 mg/kg. Bei Hautapplikationen sind die LD-50-Werte wesentlich niedriger, so daß man beim Umgang mit diesen Präparaten die Haut schützen muß. Für die chronische Toxizität möge folgender Hinweis gelten: Ein täglich an Hunde verabreichtes Futter mit 5 ppm Aldrin führt am 21. bzw. am 22. Tage zum Tode der Tiere. Für den ungefähr gleichen Effekt würden bei Dieldrin schon 2 ppm genügen. Infolge der relativ hohen Giftigkeit werden Toleranzwerte von 0 bis 0,75 ppm genannt.

Wie γ-HCH ist auch Aldrin flüchtig, so daß den beiden Verbindungen eine hohe Atemgiftwirkung mit einer gleichzeitigen Kontaktwirkung zukommt. Mit diesen Eigenschaften erreicht Aldrin eine erhebliche Wirkungsbreite; die große Anfangswirkung macht es für plötzlich auftretende Schädlingskalamitäten geeignet. So gelang es z. B. 1951, einer Heuschreckenplage in Persien mit Hilfe eines Flugzeugeinsatzes innerhalb 24 Stunden Herr zu werden und damit eine Hungersnot zu verhindern.

Dieldrin ist weniger flüchtig und ähnelt daher mehr dem DDT. Es zeichnet sich aber durch eine höhere Initialtoxizität aus. Der durch die höhere Flüchtigkeit des Aldrins bedingte Unterschied im Wirkungsmechanismus beider Insektizide gibt die Veranlassung, beide Wirkstoffe in bestimmten Präparaten zu kombinieren. Zur Bekämpfung von Schadinsekten in Baumwollkulturen sind beide Wirkstoffe mit gutem Erfolg angewandt worden. Gegen Heuschrecken, Grillen und Schaben sollen sie wesentlich wirksamer als Chlordan und DDT sein. Im allgemeinen ist der Einsatz beider Wirkstoffe gegen beißende Insekten, mit Ausnahme gegen Schmetterlingsraupen, erfolgreich, die Wirkung gegen Blattläuse dagegen völlig unzureichend. Wird Dieldrin mit Lindan kombiniert, so tritt auch eine Wirkung gegen saugende Insekten ein. Aldrin wird als insektizides Agens in Ködermitteln eingesetzt. Bevorzugt werden Aldrin und Dieldrin zur Bekämpfung von Bodenschädlingen (Engerlinge, Drahtwürmer und Tipulidenlarven) angewandt in Form von

Streumitteln, Saatgutpudern und Inkrustierungsmitteln. Eine besonders gute Wirkung zeigte Dieldrin als Inkrustierungsmittel gegen die Zwiebelfliege. Im Gemüseanbau werden jedoch wegen toxischer Bedenken diese Wirkstoffe nicht empfohlen. Ihre Stabilität und damit ihre Wirkungsdauer ist im Boden höher als beim γ-HCH und Chlordan. Infolge ihrer Alkalibeständigkeit können sie mit allen Düngemitteln gemischt in den Boden eingestreut werden. Ein weiterer Vorzug besteht darin, daß sie bei vorschriftsmäßiger Dosierung keine Geschmacks- und Geruchsbeeinträchtigungen verursachen. Erwähnt sei noch, daß Aldrin im Boden eine Umwandlung zu Dieldrin erfährt. Die Karenzzeit beträgt 30 Tage.

j) **Endrin* und Isodrin** haben wie Dieldrin und Aldrin die gleiche chemische Zusammensetzung, nur ist bei ihnen die räumliche Anordnung der Atome eine andere. Sie sind also ein Stereoisomere des Dieldrins bzw. des Aldrins, und sie verbinden damit auch ein anderes insektizides Verhalten. So ist Endrin über 20mal wirksamer als Aldrin und Isodrin 6mal wirksamer als Aldrin gegen die Erbsenblattlaus *Illinoia pisi* und gegen *Epilachna varivestis.*

Die orale akute Toxizität ist verhältnismäßig hoch, und die LD 50 beträgt für Endrin bei weißen weiblichen Ratten 5 mg/kg und bei männlichen Ratten 45 mg/kg. Für Isodrin beläuft sich die LD 50 bei Ratten auf 12—17 mg/kg. Endrin wird durch die Haut aufgenommen und wirkt dann noch giftiger als per os. Wegen der hohen Giftigkeit ist der Toleranzwert gleich 0.

Endrin wirkt als Kontakt- und Magengift. Die geringe Flüchtigkeit verleiht ihm eine gute Dauerwirkung. In den USA sind die beiden Insektizide im Baumwollanbau zur Anwendung gelangt. Es wird von einem guten Bekämpfungserfolg des Endrin gegen den Heerwurm berichtet. Für Deutschland sei besonders die spezifische Wirkung des Endrins gegen Weichhautmilben im Erdbeer- und Zierpflanzenanbau erwähnt. Wegen der Toxizität ist es im ersten Falle nur nach der Ernte einsatzfähig. Gegen Spinnmilben wirkt es nicht. Die Rübenfliege konnte ebenfalls mit Erfolg bekämpft werden. Besondere Aufmerksamkeit verlangt die hohe Fischtoxizität des Endrins, ähnlich dem Toxaphen. Alle vom Chlordan abgeleiteten, chlorierten Kohlenwasserstoffe sind sehr bienengefährlich. Über die rodentizide Wirkung des Endrin wird noch berichtet werden. Die Karenzzeit beträgt 40 Tage. Im Gemüsebau lehnt man wegen der hohen Toxizität die Anwendung des Endrins ab.

Im Handel ist Bercema-Endrin 20 (VEB Berlin-Chemie).

k) Thiodan ist chemisch ein Hexachlorbicyclo-heptenbis-oxymethylensulfit. Bemerkt sei, daß dieser chlorierte Kohlenwasserstoff im Molekül ein Atom S enthält und chemisch ein Sulfit darstellt. Die Strukturformel hat folgendes Aussehen:

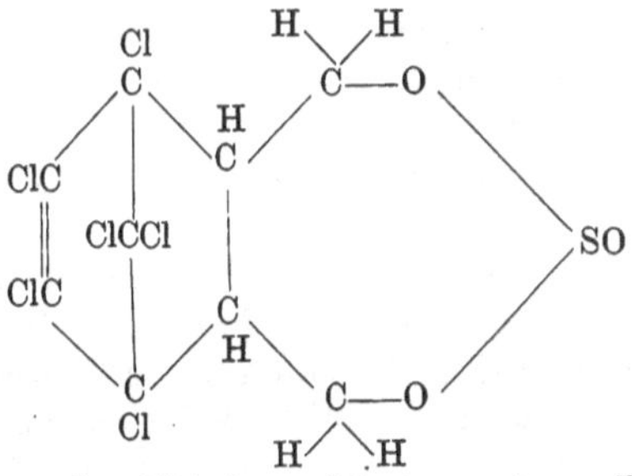

Die Synthese des Thiodans führt zu einem Isomerengemisch, das ein α- und β-Isomere unterscheiden läßt. Das α-Isomere hat infolge seines hohen Dampfdruckes die größere Initialtoxizität. Die insektizide Wirkung ist von der Temperatur und der relativen Luftfeuchtigkeit abhängig. Bei der Prüfung der Fraß- und Kontaktwirkung wurde von Römer (1957) an der Amerikanischen Schabe und dem Kartoffelkäfer festgestellt, daß die Fraßgiftwirkung größer ist. Es wurde weiter ermittelt, daß die insektentötende Wirkung von niedrigen Temperaturen nicht beeinflußt, sondern nur die Wirkungsgeschwindigkeit herabgesetzt wird.

Die orale LD 50 des in Öl gelösten Wirkstoffes beträgt, an Ratten geprüft, 110 mg/kg. Daneben wird ebenfalls bei Ratten noch ein LD-50-Wert von 40–60 mg/kg genannt. Die Hauttoxizität des ebenfalls in Öl gelösten Wirkstoffes wurde an Kaninchen ermittelt und ein LD-50-Wert von 359 mg/kg angegeben. Im Gegensatz zu diesen Angaben aus USA wird andererseits behauptet, daß der Wirkstoff nicht durch die Haut resorbiert wird. Außerdem soll auch eine Kumulation, wie man sie sonst bei den chlorierten Kohlenwasserstoffen beobachtet, nicht festgestellt worden sein. Über die chronische Giftigkeit liegen offenbar keine Angaben vor.

Die Kontakt-, Fraß- und schließlich auch die Atemgiftwirkung verleihen dem Wirkstoff Thiodan eine recht hohe Breitenwirkung, denn sowohl gegen beißende wie auch gegen saugende Insekten wird ein guter Bekämpfungserfolg erzielt. Es würde zu weit führen, all die Schadinsekten aufzuzählen, gegen die das Insektizid mit Erfolg eingesetzt worden ist.

Was den Wirkstoff noch zusätzlich auszeichnet, ist seine Bienenungefährlichkeit. Im Gegensatz zum Toxaphen wäre es möglich, einen Befall von Blattläusen oder anderen saugenden Insekten während der Blütezeit einer Kultur zu bekämpfen. Nach den bisher gewonnenen Erfahrungen verursacht das Mittel keine Geschmacks- oder Geruchsbeeinträchtigung am Erntegut. Wird dem Thiodan zur Erhöhung der Initialwirkung ein geringer Zusatz Lindan beigegeben, so ist die Bienenungefährlichkeit natürlich aufgehoben. Die Karenzzeit beträgt auf allen Gebieten der Anwendung 30 Tage.

l) **Alodan** hat die chemische Bezeichnung Bis-chlormethyl-hexachlorbicyclohepten und die Strukturformel:

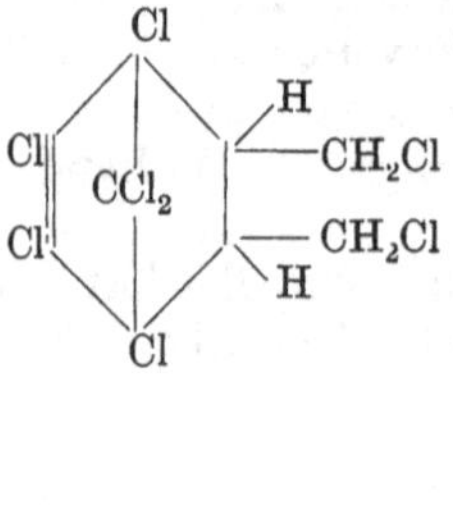

Wenn auch die insektizide Potenz dieses Wirkstoffes nicht so hoch ist, so verdient doch die geringe Warmblütlertoxizität außerordentliche Beachtung. Die akute Toxizität per os wird für Ratten mit 15000 mg/kg angegeben. Die sehr geringe Giftigkeit führt man auf eine schlechte Absorbierbarkeit durch den Darm zurück.

Bisher ist Alodan zur Bekämpfung von Kornkäfern und anderen Schädlingen in leeren Speichern eingesetzt worden. Außerdem wird es zur Ektoparasitenbekämpfung in der Veterinärmedizin angewandt. Gegenüber Pflanzenschädlingen wird die Selektivität betont.

4. Organische Phosphorverbindungen

Es ist das große Verdienst des deutschen Chemikers G. Schrader, für die Entwicklung von synthetischen Insektiziden durch die Bearbeitung einer neuen Stoffklasse richtungweisende Arbeiten geleistet zu haben. Aus den von ihm selbst entwickelten Insektiziden hat der gesamte Pflanzenschutz auf der Erde großen Nutzen gezogen. Das Werk dieses Forschers wurde mit der Verleihung der Otto-Appel-Denkmünze geehrt. Es sei in diesem Zusammenhang auch des Biologen H. Kükental gedacht, der durch seine entomologischen Arbeiten Anteil an den wichtigen Entwicklungsarbeiten hat. Im Vergleich zu den bisher besprochenen chlorierten Kohlenwasserstoffen sind die organischen Phosphorverbindungen durch besondere Eigenschaften ausgezeichnet. Sie besitzen eine hervorragende Wirkung gegen alle saugenden Insekten, z. B. Blattläuse. Auch gegen Spinnmilben, die mit den chlorierten Kohlenwasserstoffen nicht zu bekämpfen sind, werden die Phosphorester-Mittel mit Erfolg eingesetzt. Weiterhin zeichnen sich diese Mittel durch eine Tiefenwirkung aus, d. h., sie dringen in pflanzliche Gewebe ein und sind so in der Lage, minierende Insektenlarven (z. B. Rübenfliege) abzutöten. Die Atem-, Kontakt- und Fraßgiftwirkung verleihen Phosphorinsektiziden ein großes

Wirkungsspektrum. Neben den positiven Eigenschaften dieser Wirkstoffe erwies sich, besonders bei den zuerst entdeckten Verbindungen dieser biologisch aktiven Stoffklasse, ihre hohe akute Toxizität als Nachteil. Die dadurch mit der Anwendung verbundene Gefahr wird aber durch ihre Instabilität herabgesetzt, d. h. sie werden zu ungiftigen Abbauprodukten auch von seiten der behandelten Pflanzen umgewandelt. Daher haben sie im Gegensatz zu den chlorierten Kohlenwasserstoffen eine weitaus niedrigere Karenzzeit. Ihre Wirkungsdauer ist durch diese Eigenschaft vermindert.

Auch die organischen Phosphorverbindungen greifen bei den Insekten in den Übertragungsmechanismus der Reizleitung im Nervensystem ein. Sie führen ebenfalls zur Blockierung von Fermenten, und über die von ihnen herbeigeführte Hemmung der Cholinesterase ist bereits in der Einleitung gesprochen worden. Durch die Lipoidlöslichkeit der organischen Phosphorverbindungen oder der Phosphoresterverbindungen dringen diese Wirkstoffe auf die gleiche Weise in den Insektenkörper ein, wie die chlorierten Kohlenwasserstoffe. Nur die lipoidhaltige Epikutikula vermag die Phosphoresterverbindungen aufzunehmen und weiterzuleiten, während die Exokutikula ebenfalls undurchlässig ist.

a) TEPP und HETP (Bladan). TEPP ist das Tetraäthylpyrophosphat mit der Strukturformel:

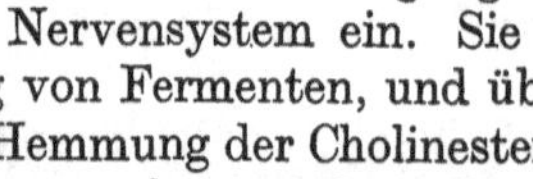

und HETP ist das Hexaäthyltetraphosphat mit folgendem Strukturbild:

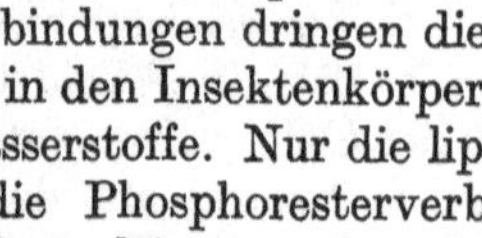

Die beiden Wirkstoffnamen sind Abkürzungen, die sich aus der englischen Bezeichnung der beiden Verbindungen ableiten. Das technische Syntheseverfahren des TEPP führt zu einem Gemisch, an dem auch HETP beteiligt ist. Das Verfahren kann auch so gelenkt werden, daß der letztere Wirkstoff überwiegt. Das Gemisch beider Wirkstoffe war früher in Deutschland als Bladan bekannt. Es kam 1944/45 als Nikotinersatz im praktischen Pflanzenschutz vorwiegend zur Blattlausbekämpfung zur Anwendung. In der Toxizität wie in der Instabilität war es mit dem Nikotin vergleichbar. Das völlige Ausbleiben toxischer Rückstände ist der Grund dafür, daß die Wirkstoffe im Ausland, vorwiegend in den USA, noch im Gebrauch sind. In Deutschland haben die beiden Wirkstoffe nur noch historisches Interesse, denn sie sind durch das ebenfalls von SCHRADER entdeckte E 605 abgelöst worden.

b) Parathion* (E 605). Im Jahre 1944 entdeckte SCHRADER das E 605. Durch die Beschlagnahme der Patente nach dem Kriege von seiten der USA wurde der Wirkstoff zuerst in Amerika produziert und angewandt. Man gab dort dem Wirkstoff die Bezeichnung Parathion. Der Name Parathion hatte sich eingebürgert, und man führte ihn als allgemeingültige internationale Bezeichnung für die Verbindung E 605 ein. Chemisch ist Parathion ein p-Nitrophenyldiäthyl-thiophosphorsäureester mit der Strukturformel:

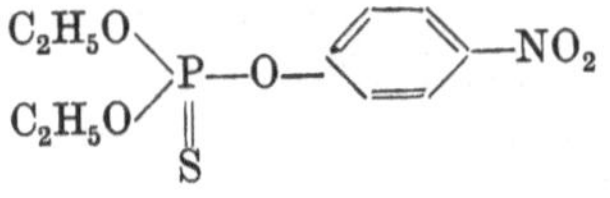

Neben der Diäthyl-Verbindung besteht noch eine Dimethyl-Verbindung. Beide werden auch als Äthyl- bzw. Methyl-Parathion bezeichnet. Das Methyl-Parathion unterscheidet sich von der Äthylverbindung in bezug auf Wirkungsintensität und -breite nicht, jedoch ist die Methylverbindung weniger toxisch. Infolge unterschiedlicher physikalischer Eigenschaften wird die Äthylverbindung vorwiegend zu flüssigen Präparaten und die Methylverbindung zu staubförmigen Präparaten verarbeitet. Der technisch gewonnene Wirkstoff ist ein dunkelbraunes Öl. Der reine Wirkstoff erstarrt bei + 6 °C. Auch E 605 ist in Lipoiden wie in allen üblichen organischen Lösungsmitteln mit Ausnahme von Petroläther löslich.

Die akute Toxizität ist im Vergleich zu den bisher beschriebenen synthetischen Kontaktinsektiziden relativ hoch. Die orale LD 50 von Parathion beträgt bei männlichen Ratten 15 mg/kg und bei weiblichen 6 mg/kg. Die tödliche Dosis für Menschen von 70 kg Körpergewicht wird mit 1 g veranschlagt. Auch durch die Haut wird der Wirkstoff resorbiert, ein einmaliges Auftragen von 30 mg auf die Haut des Kaninchens führt zum Tode des Tieres. Das Einatmen der Dämpfe ist ebenfalls sehr gefahrvoll und mahnt zur Vorsicht. 500 mg/m^3 Luft, 60 Minuten lang eingeatmet, wirken bei Ratten tödlich. Rückstandsmengen von 1 ppm machen das Erntegut untauglich.

Wenn auch das Mittel wegen seiner hohen Toxizität in geschlossenen Räumen, insbesondere auf dem Gebiet der Hygiene, untauglich ist, so hat es doch im Pflanzenschutz infolge seines umfangreichen Wirkungsspektrums gleichsam als Universalmittel einen hervorragenden Platz eingenommen und dazu beigetragen, bisherige Lücken in der Schädlingsbekämpfung auszufüllen, weil es, wie schon erwähnt, eine große Tiefenwirkung hat. Dadurch können in pflanzlichen Geweben parasitierende Schädlinge erfaßt werden. Die langjährige Praxis hat erwiesen, daß der Einsatz unter entsprechenden Vorsichtsmaßnahmen (Schutzkleidung, Vermeiden der Berührung mit der Haut, Atemschutz) ungefährlich ist.

Die Kontakt-, Fraßgift- und Atemgiftwirkung bedingen eine hohe Initialtoxizität gleich der des γ-HCH. Aus der Flüchtigkeit und aus dem Abbau des in das pflanzliche Gewebe eingedrungenen Wirkstoffes resultiert eine geringe Wirkungsdauer. Außer der guten Wirkung gegen beißende Insekten besteht auch eine spezifische Wirkung gegen saugende Insekten, wie Blattläuse, Schildläuse, Schmierläuse und gegen Spinnmilben. Durch die Fähigkeit des Wirkstoffes, das sei nochmals betont, in das pflanzliche Gewebe einzudringen, werden minierende Larven (Rübenfliege), in Gallen lebende Insekten oder deren Larven oder in Blattrollen versteckt sitzende Schädlinge abgetötet, weil das von der Blattoberfläche eindringende Parathion die auf der Blattunterseite lebenden Schädlinge vergiftet. Auf die Eigentümlichkeit, daß das Insektizid trotz größter Wirkungsbreite gegen den Kartoffelkäfer versagt, wurde bereits hingewiesen. Es müßte eine umfangreiche Liste aufgestellt werden, um alle die Insekten zu benennen, die mit E 605 erfolgreich bekämpft worden sind. Wegen der hohen Bienengefährlichkeit ist der Anwendungsbereich beschränkt. Leider werden Bienenverluste dadurch verursacht, daß die Geräte, die für den Einsatz eines bienenunschädlichen Pflanzenschutzmittels gebraucht werden, vorher nicht gründlich genug von den Resten des Parathions gereinigt worden sind. Gegen Spinnmilben haben sich Resistenzerscheinungen eingestellt, und gegen die grüne Apfelblattlaus und Gewächshausschädlinge ist die Wirkung unzureichend.

Bei kühleren Temperaturen nimmt der Bekämpfungserfolg ab. Im allgemeinen sind die Parathion-Präparate gut pflanzenverträglich, aber im Zierpflanzenbau müssen verschiedentlich Einschränkungen vorgenommen werden, z. B. bei Cyclamen, Monstera, Anthurien u. a. können Schäden auftreten.

Der in der DDR hergestellte Parathionwirkstoff, mit Wofatox bezeichnet, ist ein Methyl-Parathion. Folgende Wofatox-Präparate werden vom VEB Farbenfabrik Wolfen herausgebracht: Wofatox-Staub, Wofatox-Konzentrat 50, Wofatox-Spritzkonzentrat, Wofatox-Spritzmittel, Wofatox-Spritzpulver 30 und Wofatox 15 WP.

c) **Chlorthion.** Es ist verständlich, daß man nach neuen, insektizidwirksamen Phosphoresterverbindungen Ausschau hielt, die weniger giftig als das Parathion sind. Der ebenfalls von G. Schrader entdeckte Wirkstoff Chlorthion erfüllt diese Forderung. Chlorthion ist ein Chlornitrophenyl-dimethylthiophosphat mit der Strukturformel:

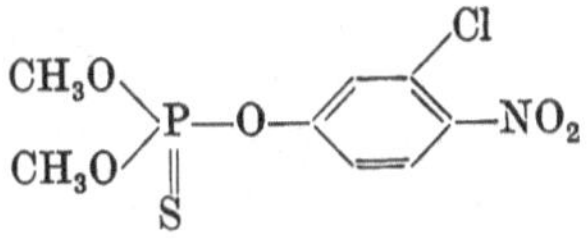

Lediglich die zusätzliche Substitution eines Atom Chlors in der 3-Stellung der Phenylgruppe des Methylparathions führt zu einer erheblichen Senkung der Warmblütlertoxizität. So wird die orale Toxizität LD 50 bei Ratten von 15—20 mg/kg des Methylparathions herabgesetzt auf 500 mg/kg. Auch die Haut- und die Atemgiftwirkung sind erheblich geringer. Über den Toleranzwert liegen noch keine Angaben vor.

Chlorthion ist ebenfalls gegen saugende und beißende Insekten wirksam. In den USA hat es sich zur Bekämpfung von Baumwollschädlingen bewährt. In Westdeutschland ist es anerkannt gegen saugende Insekten, Heu- und Sauerwurm, Käfer, Afterraupen und Lärchenblasenfuß. Seine geringe Toxizität hat dazu geführt, daß es auch gegen Hygieneschädlinge eingesetzt worden ist, insbesondere gegen DDT-resistente Fliegenstämme und Moskitolarven. Die Karenzzeit ist für alle Anwendungsgebiete in der Landwirtschaft mit 7 Tagen festgelegt.

d) **Malathion***, 1950 in den USA entdeckt, ist ein Dithiophosphat und läuft seit 1953 unter der Bezeichnung Malathion. Chemisch handelt es sich um ein Dimethyldicarbäthoxyäthyldithiophosphat mit folgender Strukturformel:

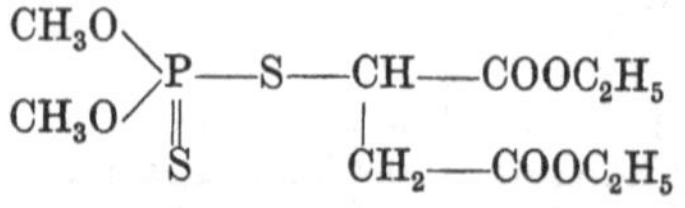

Der technisch gewonnene Wirkstoff, eine braune, nach Kohl riechende Flüssigkeit, ist im alkalischen Medium instabil und wird von Metallen, wie Eisen, Zinn, Blei und Kupfer, zersetzt. Die Giftigkeit gegenüber Warmblütlern ist gering. Die LD 50-Werte schwanken zwischen 510 und 2866 mg/kg. Die LD 50 oral beträgt bei Ratten 1845mg/kg. Eine einmalige Hautapplikation an Kaninchen von 2460 bis 6150 mg/kg verursachte keine Vergiftungserscheinungen. Der Toleranzwert ist für das landwirtschaftliche Erntegut mit 8 ppm festgelegt. Der Wirkungsmechanismus und die biologischen Eigenschaften gleichen im wesentlichen denen der bisher besprochenen Phosphoresterverbindungen. So dringt Malathion u. a. auch in das Pflanzengewebe ein, wird dann aber schnell abgebaut. Es ist ebenfalls bienengefährlich.

Die geringe Warmblütlertoxizität hat dazu geführt, daß Malathion auch im Hygienesektor Anwendung findet, speziell gegen Stubenfliegen, die gegen chlorierte Kohlenwasserstoffe resistent geworden sind.

Im Pflanzenschutz dient Malathion zur Bekämpfung saugender Insekten (Blattläuse, Schildläuse, außer Schmierläuse), Spinnmilben und einer Reihe fressender Insekten, z. B. Heu- und Sauerwurm. Infolge nicht so ausgeprägter Tiefenwirkung ist der Effekt gegen Rübenfliegenlarven und den in und an den Wurzeln lebenden Schädlingen (Gemüsefliegenlarven) unzureichend. Gegen Gewächshausschildläuse scheint eine spezifische Wirkung gegeben zu sein. Phytotoxische Erscheinungen sowie Geschmacks- und Geruchsbeeinträchtigungen sind als Nebenwirkungen nicht beobachtet worden. Die Karenzzeit beträgt wie beim Chlorthion 7 Tage.

e) **Diazinon***. In den Laboratorien der Schweizer Firma Geigy A.G., in denen das DDT entdeckt worden ist, entwickelte Gysin den Thiophosphorsäureester Diazinon, der chemisch ein Diäthylisopropyl-methyl-pyrimidyl-thiophosphat darstellt. Die Strukturformel lautet:

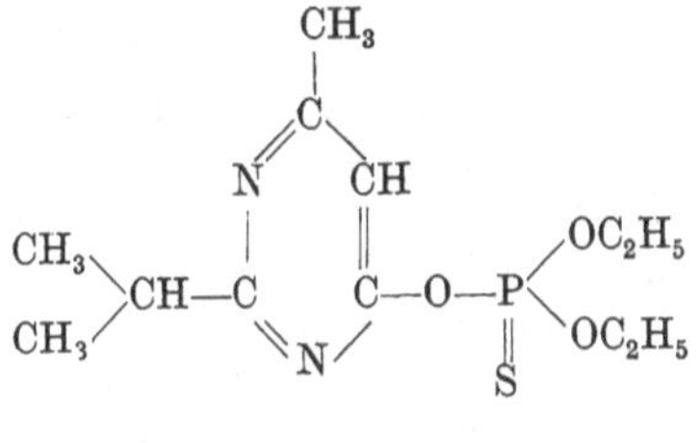

Der Wirkstoff ist ebenfalls eine Flüssigkeit mit einem Dampfdruck, der 5mal größer ist als der von Parathion. Im schwach alkalischen Medium ist die Verbindung stabil. Auch dieser Wirkstoff ist viel weniger giftig als Parathion.

Die orale LD 50 beträgt bei Mäusen 100 mg/kg, bei Ratten 240 mg/kg, bei Meerschweinchen 340 mg/kg und bei Kaninchen 135 mg/kg. Da die Gefahr einer Anreicherung im Warmblütlerorganismus nicht besteht, sondern der Abbau wie die Ausscheidung sich verhältnismäßig schnell vollziehen, kann die chronische Toxizität als gering angesehen werden. Als Toleranzwert werden von amerikanischer Seite 0,75—1 ppm angegeben.

Trotz der großen Flüchtigkeit ist die Atemgiftwirkung des Diazinons gering, neben der Fraßgiftwirkung spielt die Kontaktgiftwirkung die vorherrschende Rolle. Auf lebloses Material appliziert, ist der Wirkstoff nicht nur durch eine schnelle Anfangswirkung, sondern auch durch eine relativ hohe Wirkungsdauer ausgezeichnet. Die geringe Toxizität macht entsprechende Diazinon-Präparate für den Hygienesektor geeignet, insbesondere natürlich wieder zur Bekämpfung der durch chlorierte Kohlenwasserstoffe resistent gewordenen Fliegenstämme. Werden lebende Pflanzen behandelt, so ist die Wirkungsdauer nur gering. Der insektizide Wirkungsmechanismus wie das Wirkungsspektrum sind mit dem des Parathion zu vergleichen. Auch die Tiefenwirkung ist beachtenswert. Der Wirkungsbereich erstreckt sich auf beißende und saugende Insekten. Speziell hervorgehoben wird der Bekämpfungserfolg gegen Spinnmilben, Heu- und Sauerwurm, Lärchenminiermotte, Afterraupen, Rübenblattwespe, Blattläuse, z. B. mehlige Pflaumenlaus und Blutlaus. Als Gießmittel gegen Gemüsefliegenlarven wird es ebenfalls verwandt. Zur Bekämpfung der Kirschfliegenmade wirkt Diazinon gut durch seine Tiefenwirkung. Diazinon versagt wie E 605 gegen die grüne Apfelblattlaus. Geschmacksbeeinflussungen und pflanzenschädigende Einflüsse sind als Nebenwirkung nicht zu verzeichnen. Für die Karenzzeit werden 10 Tage veranschlagt.

f) Gusathion, ebenfalls von G. SCHRADER entdeckt, läuft in den USA unter der Bezeichnung Guthion. Die Verbindung ist ein Kondensationsprodukt der Dimethyldithiophosphorsäure mit der Methylol-Verbindung des

Benzazimids mit der Strukturformel:

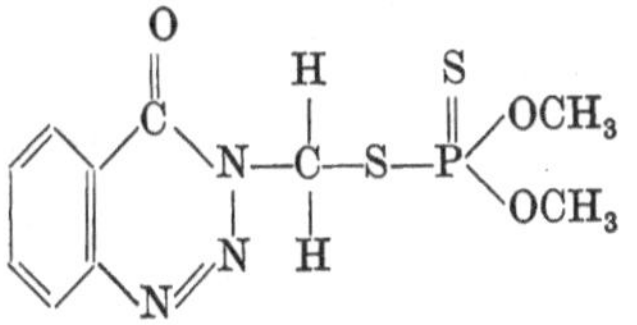

Der Wirkstoff ist eine feste Substanz, die bei Ratten eine orale LD 50 von 15—25 mg/kg aufweist. Gegen Sonnenlicht und hydrolytische Einflüsse ist sie auffallend stabil. Als Toleranzwert werden in den USA für die Baumwollsaat 0,5 ppm und für gewisse Früchte 2 ppm angegeben. Der Wirkstoff ist speziell für Baumwollkulturen geprüft worden. Es werden vor allem die lange Residual- oder Dauerwirkung und das sehr breite Wirkungsspektrum gegen Insekten und Spinnmilben betont. Trotz der Giftigkeit war der Einsatz im Baumwollanbau weitgehend ungefährlich, und es wird auf die relativ geringe Haut- und Atemgiftigkeit hingewiesen. Besonders fiel die große Wirkungsbreite im Obstbau auf. Auch gegen Kartoffelkäfer ist das Insektizid wirksam.

Ein- bis zweimalige Behandlung mit Gusathion vermochte die Schildlausarten *Coccus hesperidum*, *Saissetia hemisphaerica* und *Aspidiotus hederae* abzutöten, deren Bekämpfung bisher nicht möglich war.

Gusathion wird in Westdeutschland u. a. gegen die Obstmade, Sägewespen und Spinnmilben empfohlen. Die Karenzzeit dauert 14 Tage.

g) **Ethion*** ist ein bis-(Dithiophosphorsäure-0,0-diäthyl-S)-methylester mit der Strukturformel:

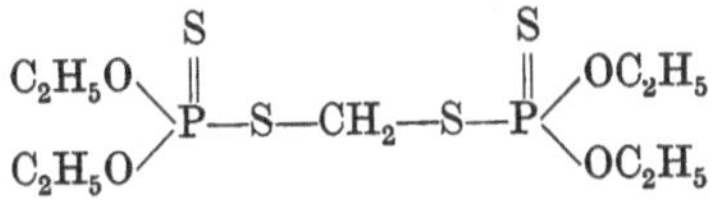

Die orale akute Toxizität beträgt bei Ratten 179 mg/kg. Der Toleranzwert ist noch nicht bekannt. Die Wirkung erstreckt sich auf saugende und beißende Insekten. Die Karenzzeit beträgt 14 Tage.

h) **Mercaptophos (Lebaycid)**, eine Thiophosphorsäure-0,0-dimethyl-0-(3-methyl-4-mercaptophenyl)-ester mit der Strukturformel:

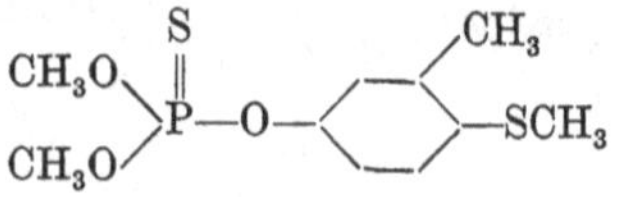

ist ein mindertoxischer Stoff und ein sehr wirksames Insektizid mit lang anhaltender Residualwirkung. Die orale LD 50 beträgt bei Ratten 250 mg/kg. Das Insektizid ist gegen beißende wie saugende Insekten einschließlich Blutlaus wirksam. Die Karenzzeit beträgt im Obst-, Gemüse- und Ackerbau einschließlich Futterbau 10 Tage.

i) **Trithion** ist chemisch ein 0,0-Diäthyl-S-4-chlorphenylmercapto-methyldithiophosphat mit der Strukturformel:

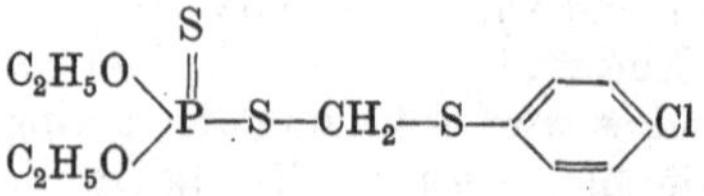

Für die akute Warmblütlertoxizität wurde ein LD 50-Wert per os bei Ratten von 28 mg/kg und bei Mäusen von 167 mg/kg ermittelt. Die Toleranz für verschiedene Früchte beträgt 0,8 ppm. Die Wirkung erstreckt sich auf beißende und saugende Insekten sowie gegen Milben und deren Eier. Eine systemische Wirkung liegt nicht vor.

j) **Trichlorphon* (Dipterex)** wird aus Dimethylphosphit und Chloral hergestellt, und es entsteht ein Trichlor-oxyäthyl-phosphonsäure-dimethylester mit der Strukturformel:

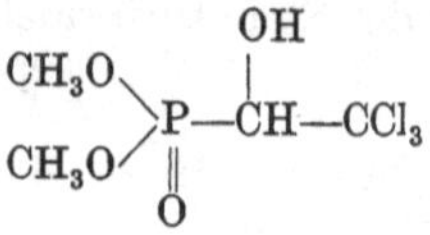

Der feste Wirkstoff ist kristallin, geruchlos und hat einen dem Parathion gleichen Dampfdruck. Unter den physikalischen Eigenschaften ist die relativ hohe Wasserlöslichkeit 1:10 auffallend. Eine weitere beachtenswerte Eigentümlichkeit des Insektizids ist die geringe akute Giftigkeit, so daß es praktisch als ungiftig angesehen werden kann. Die orale LD 50 beträgt bei der weiblichen Ratte 625 mg/kg und bei der männlichen Ratte 500 mg/kg. Unter den drei Wirkungskomponenten nimmt neben der Atem- und Kontaktgiftwirkung die Fraßgiftwirkung die erste Stelle ein. Im Verein mit einer Zuckerlösung ist der Wirkstoff ein ausgezeichnetes Fliegenbekämpfungsmittel, da die Fraßgiftwirkung 60mal größer ist als die Kontaktgiftwirkung. Es soll auch noch erwähnt werden, daß es mit diesem fast ungiftigen Wirkstoff zum ersten Mal möglich ist, die Dasselfliege durch Einnahme per os zu bekämpfen.

Wegen seiner Breitenwirkung speziell gegen Dipteren, Lepidopteren und Hymenopteren, z. B. Sägewespen und einige Käferarten, außer Rüsselkäfer, hat der Wirkstoff im Pflanzenbau eine Bedeutung gewonnen. Die ihm eigentümliche Tiefen- und systemische Wirkung vollzieht auch die Abtötung im Innern pflanzlicher Gewebe lebender Larven, z. B. Fruchtfliegen und Rübenfliegen. Gegen saugende Insekten ist die Wirkung unzureichend. In der Wirkungsdauer übertrifft es das Parathion. Wegen der geringeren Bienengiftigkeit kann es außerhalb des Bienenfluges angewendet werden. Da das Mittel eine geringe Toxizität aufweist, ist die Anwendung im Obst- und Gemüsebau empfehlenswert, wobei eine längere Wirkungsdauer als beim Parathion hinzukommt. Auch die gute Pflanzenverträglichkeit sei hervorgehoben. Im Obst- und Ackerbau einschließlich Futterbau ist die Karenzzeit 10 und im Gemüsebau 7 Tage.

In der DDR stellen Delicia, Delitzsch und VEB Farbenfabrik Wolfen je ein Trichlorphon-Präparat her, das Delicia-Spritzkonzentrat bzw. das Wotexit-Spritzmittel.

k) Dichlorvos* (DDVP) gehört zu der von dem deutschen Chemiker Perkow untersuchten Verbindungsgruppe der Dialkyldichlorvinylphosphate. Das Dimethyldichlorvinylphosphat (DDVP) kann aus Trichlorphon durch alkalische Abspaltung von Chlorwasserstoff hergestellt werden. Die Strukturformel des Dichlorvos lautet:

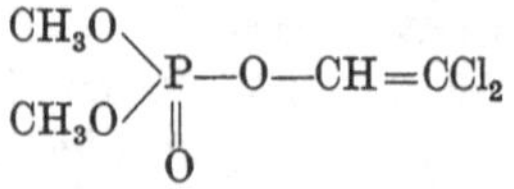

Die LD 50 per os beträgt bei männlichen Ratten 70 bis 80 mg/kg. Im Vergleich zu Parathion ist es 10mal weniger giftig. Der Wirkstoff ist eine helle, nahezu geruchlose Flüssigkeit vom $Kp_{1 mm}$ 84 °C. Sein Dampfdruck beträgt bei 20 °C 0,15 mm. Daher interessiert auch die Atemgiftwirkung. Bei 22 mg/m³ treten nach einer Expositionszeit von 2½ Stunden bei Ratten leichte Störungen auf. Das Vierfache der Anwendungskonzentration eines im Gewächshaus angewandten Aerosols erreicht erst die genannte Wirkstoffmenge in der Luft. Die Flüchtigkeit verleiht dem Präparat vorwiegend eine Atemgiftwirkung. Weiterhin resultiert daraus eine geringere Rückstandstoxizität im Freiland. Diese Wirkung, die noch durch eine gute Kontaktwirkung unterstützt wird, erstreckt sich auf saugende und beißende Insekten. Die hohe Initialwirkung ist ein besonderes Charakteristikum dieses Wirkstoffes.

Im Präparat Fekama Spezial VEB Fettchemie, Karl-Marx-Stadt, ist der Wirkstoff mit Chlorfenson und DDT kombiniert.

l) **Phosdrin.** Die biologisch aktive Substanz des Phosdrins ist das α-Isomere des Dimethyl-2-carbomethoxy-1-methylvinylphosphat mit der Strukturformel:

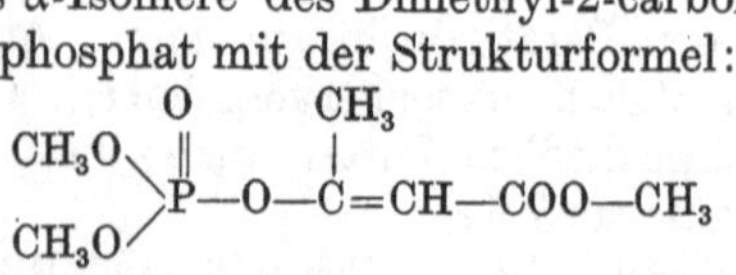

Der flüssige Wirkstoff ist gelb bis orange gefärbt. Die akute Toxizität der Verbindung ist relativ hoch. Die orale akute Toxizität, an männlichen Ratten geprüft, wird durch den LD 50-Wert von 2,9 mg/kg festgelegt. Für Mäuse beträgt der entsprechende Wert 4,1 mg/kg. Wegen der chronischen Toxizität verursachte in einem Falle ein Futter, mit 100 ppm 60 Tage lang von Ratten aufgenommen, den Tod aller Versuchstiere, und in einem anderen Falle wurde ein Futter mit 200—300 ppm 90 Tage schadlos vertragen. Die Toleranzwerte bewegen sich je nach der behandelten Kulturpflanzenart zwischen 0,25 und 1,0 ppm.

Von der Pflanze wird der applizierte Wirkstoff schnell aufgenommen, aber dort selbst ebenso schnell wieder zu giftfreien Substanzen abgebaut. Wegen dieser Eigenschaft verdient der Wirkstoff trotz seiner relativ hohen akuten Toxizität beachtet zu werden. Phosdrin weist von allen Phosphoresterverbindungen die geringste Karenzzeit auf, nämlich 4 Tage. Es ist in manchen Fällen ein besonderer Vorteil, die Pflanzen kurz vor ihrer Ernte ohne hygienische Bedenken behandeln zu können.

Präparate der Verbindung werden gegen beißende und saugende Insekten angewandt und ebenso gegen Spinnmilben im Obstbau.

5. System-Insektizide

System-Insektizide sind Insektizide, die in das Pflanzensystem eindringen und im Gefäßsystem nach allen Teilen der Pflanze weitergeleitet werden können. Dieser Transport, von Unterstenhöfer (1959) als „translokaler Effekt“ bezeichnet, erfolgt sowohl im Holzteil des Gefäßbündels mit dem Transpirationsstrom von der Wurzel bis zu den Blättern als auch im Siebteil des Gefäßbündels mit dem Assimilationsstrom von den Blättern in umgekehrter Richtung zu tiefer gelegenen Teilen der Pflanze. Durch diese Tatsache kann das systemisch wirkende Insektizid entweder vom Boden über die Wurzel oder aber durch Behandlung der Blätter der zu schützenden Pflanze einverleibt werden. Saugende Insekten, die den Siebteil des Leitbündels zur Aufnahme ihrer Nahrung aus dem Assimilationsstrom anstechen, nehmen damit das systemische Insektizid auf und werden abgetötet. Den Schutz der Pflanzen vor Parasitenbefall durch Mittel, die vom Innern der Pflanze her eine Wirkung ausüben, nennt man innertherapeutische Insektizide. Einen entscheidenden Anlaß, sich mit dem Problem innertherapeutisch wirkender Bekämpfungsmittel zu befassen, gab eine von HURD-KARRER und PROS festgestellte Naturbetrachtung. Weizen, der auf selenhaltigem Boden wuchs, wurde von Schädlingen nicht befallen. Die genannten Autoren fanden durch ihre Untersuchungen, daß das besonders wasserlösliche Natriumselenat (Na_2SeO_4) von den Wurzeln der Pflanzen aufgenommen wird. Der so in die Pflanzen inkorporierte Stoff tötet alle saugenden Insekten, auch Spinnmilben, ab. Auf Grund der hohen Toxizität des Selens und seiner Stabilität in der Pflanze hat das Verfahren in der Praxis keine Anwendung gefunden, lediglich in den USA sind Selensalze als innertherapeutische Mittel im Zierpflanzenbau eingesetzt worden.

Fluorhaltige organische Verbindungen, die von SCHRADER und KÜKENTHAL auf ihre systemische insektizide Wirkung geprüft wurden, mußten trotz ihres beachtenswerten Bekämpfungseffektes wegen ihrer hohen Toxizität abgelehnt werden. Erst SCHRADER gelang es wiederum unter den Phosphoresterverbindungen Stoffe mit hervorragender innertherapeutischer Wirkung ausfindig zu machen, die für den praktischen Pflanzenschutz geeignet sind und zu sehr guten Erfolgen geführt haben.

Die Entdeckung der systemischen Insektizide hat der Methode der chemischen Schädlingsbekämpfung neue Möglichkeiten erschlossen. Im Kampf gegen saugende Insekten ist mit diesen Mitteln eine langanhaltende, von Witterungseinflüssen unabhängige Wirkungsdauer erreicht worden. Es wird außerdem die Nützlingsfauna geschont, die zusätzlich den Bekämpfungserfolg erhöhen hilft.

Auf direktem Wege ist es bisher mit chemischen Mitteln nicht gelungen, den an Umfang zunehmenden Viruskrankheiten der Kulturpflanzen Einhalt zu bieten. Mit Hilfe der durch eine lange Wirkungsdauer ausgezeichneten systemischen Insektizide kann man jedoch durch Bekämpfung der Vektoren (Blattläuse) die Ausbreitung der betreffenden Virose einschränken. Die Bekämpfung der Rübenvergilbung im Rübenbau bietet dafür ein Beispiel.

a) Ompa, Schradan*. Ompa ist die Abkürzung für die chemische Bezeichnung Octamethylpyrophosphorsäureamid. Von englischer Seite ist der Verbindung zu Ehren des deutschen Entdeckers der Name „Schradan" gegeben worden. Die Struktur zeigt folgendes Aussehen:

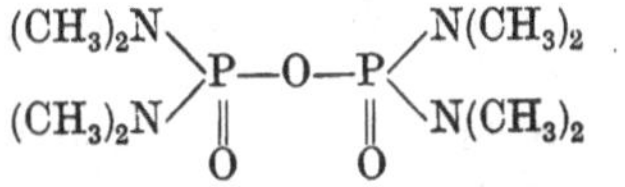

Der Wirkstoff ist eine farblose Flüssigkeit und hat, von Ratten per os aufgenommen, einen Toxizitätswert (LD 50) von 9,7 bis 10 mg/kg. Der Toleranzwert beträgt 0,75 ppm. Ompa wird auch durch die Haut resorbiert.

Hinsichtlich des Wirkungsmechanismus wird u. a. vermutet, daß der Wirkstoff erst in der Pflanze zu einem für saugende Insekten giftigen Stoff umgewandelt wird. Andererseits nimmt man an, daß sich die Umwandlung zu einem Gift erst durch den Stoffwechsel der Blattläuse selbst vollzieht. Gegen beißende Insekten ist die Verbindung so gut wie unwirksam, denn Kontakt- und Atemgiftwirkung ist nicht beobachtet worden.

Ompa wird zur Bekämpfung von Blattläusen, Schildläusen und Spinnmilben eingesetzt. Die Anwendung im Obstbau muß eine Einschränkung erfahren, da phytotoxische Schäden gegen gewisse Apfel- und Birnensorten sowie gegen Steinobst auftreten. Durch Bekämpfung der Schmierläuse, die eine Viruskrankheit, die „swollen shoot"-Krankheit an Kakaobäumen übertragen, gelang es, dieser Seuche mit Erfolg zu begegnen. Die Bienengefährlichkeit ist gering. Über die Karenzzeit sind keine Angaben gefunden worden.

b) Systox, Demeton-S*. Systox ist chemisch ein Diäthyläthylmercaptoäthylthiophosphat mit der Strukturformel:

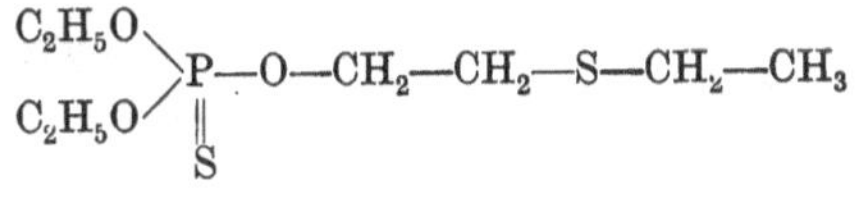

Das 50%ige Handelsprodukt enthält neben Systox noch 40%iges Isosystox, das als ein Isomeres aufzufassen ist, weil die Stellung von S und O miteinander vertauscht ist.

Die akute Giftigkeit beträgt per os als LD 50-Wert für Ratten 30 mg/kg, während die Iso-Verbindung mit dem entsprechenden LD 50-Wert von 2,5 mg/kg giftiger ist. Die hohe Giftigkeit besteht auch bei der Berührung mit den Augen, der Haut und den Atemwegen. Als Toleranzwerte werden 0,3 bis 0,75 ppm genannt, die bei vorschriftsmäßiger Anwendung nie erreicht werden. Besonders strenge Vorsichtsmaßnahmen sind daher bei Anwendung dieses Mittels erforderlich, so z. B. Schutzkleidung und Atemschutzgeräte.

Der giftige Wirkstoff ist eine stark riechende Flüssigkeit von hoher Flüchtigkeit. Gegenüber Ompa sind Sofortwirkung, Wirkungsdauer, Wirkungsbreite und Pflanzenverträglichkeit größer. Infolge der schnellen Aufnahmefähigkeit in das pflanzliche Gewebe hat die große Flüchtigkeit auf die Wirkungsdauer keinen Einfluß. Wärme und Feuchtigkeit wandeln Systox zu Isosystox um. Durch diese Reaktion wird die eigentlich systemisch-insektizide Komponente Isosystox in der Pflanze aus dem Systox ergänzt.

Die Wirkung erstreckt sich auf saugende Insekten, Spinnmilben, Weichhautmilben und Blattälchen im Acker-, Obst- und Zierpflanzenbau. Gegen die viröse Rübenvergilbung ist es zur Bekämpfung der Blattläuse eingesetzt worden.

Nur die direkte Besprühung führt bei Bienen zum Tode. Im Gemüsebau soll man Systox nicht anwenden, und im Obst- und Ackerbau beträgt die Karenzzeit 42 Tage.

c) **Metasystox, Demeton-O-methyl***. Beim Metasystox stehen an Stelle der beiden Äthylgruppen die zwei Methylgruppen. Die chemischen Eigenschaften sind dem Systox gleich. Auch hier besteht ein entsprechendes Isomere im Verhältnis 70:30. Die Verbindungen haben den Vorzug, wesentlich ungiftiger zu sein.

Für die akute Toxizität sind die entsprechenden LD 50-Werte per os 50 mg/kg bzw. 100 mg/kg. Die geringere Giftigkeit macht die Atemschutzgeräte überflüssig. Der Anwendungsbereich ist gleich dem Systox. Die Karenzzeit ist auf 21 Tage herabgesetzt.

d) **Tinox.** Der Wirkstoff im Präparat „Tinox" ist ein Gemisch zweier Isomeren des Dimethylesters vom Mono-(β-methylmercaptoäthyl)-ester der Thiophosphorsäure im Verhältnis 9:1. Die Strukturformeln der beiden Isomeren lauten:

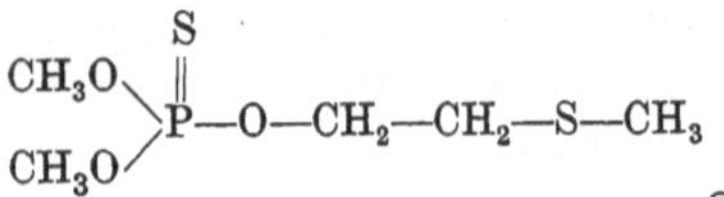

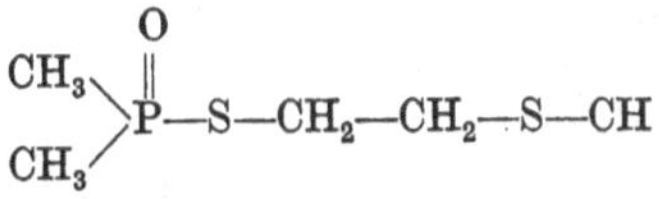

Der Vorteil des Wirkstoffes liegt in der geringen akuten Toxizität, die noch unter der von Metasystox liegen soll. Die Wirkung erstreckt sich auf Blattläuse, Schmier- und Wolläuse, Sägewespen, Blattälchen, Spinnmilben und Weichhautmilben. Die Karenzzeit dieses bienengefährlichen Wirkstoffes wird vom Herstellerwerk mit 3 Wochen festgelegt.

Der Produzent dieses Mittels ist der VEB Farbenfabrik Wolfen, in dessen Präparat „Tinox" der Wirkstoff 50%ig enthalten ist.

e) **Dimefox.** Dieser Wirkstoff ist chemisch Bis-dimethylamino-Fluorphosphinoxyd mit folgender Struktur:

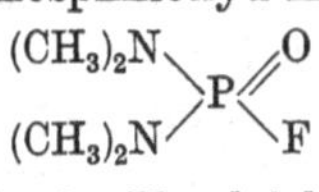

Die akute Toxizität ist im Vergleich zu Parathion um das Doppelte höher (LD 50 per os 3–5 mg/kg Ratte). Auch Haut- und Atemgiftigkeit sind sehr hoch. Die Anwendung erfordert das Tragen einer Gasmaske und einer Kleidung, die absoluten Hautschutz gewährt. Der Gefährlichkeit wegen wird es nur als Gießmittel gegen saugende Insekten und Spinnmilben, z. B. im Hopfenbau, empfohlen.

f) Rogor (Dimethoate) ist chemisch ein 0,0-Dimethyldithiophosphoressigsäure-N-methylamid mit der Strukturformel:

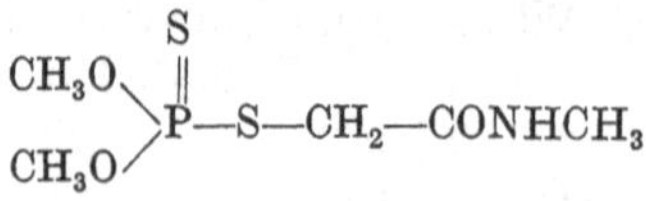

Die akute Toxizität ist im Vergleich zu anderen Phosphorverbindungen gering, und die LD 50 oral beträgt für Ratten ca. 250 mg/kg. Charakteristisch ist der schnelle Abbau im Warmblütlerorganismus, verbunden mit einer beschleunigten Ausscheidung, so daß Rückstände im Gewebe behandelter Tiere nicht verbleiben. Neben der systemischen Wirkung ist auch eine Kontaktwirkung zu verzeichnen. Die aus dem Wirkungsmechanismus resultierende relativ große Breitenwirkung erstreckt sich u. a. auf folgende saugende und beißende Insekten, wie Blatt-, Schild- und Mottenläuse, Blattsauger, Rüsselkäfer (Baumwollkapselkäfer), Erdflöhe, Raupen (Wickler- und Miniermotten), in Blättern und Früchten minierende Fliegenlarven (Rüben-, Mittelmeer-, Oliven- und Kirschfliege) und Sägewespen. Besonderes Interesse verdient auch die erfolgreiche Bekämpfung der Spargelfliege. Gegen Spinnmilben liegt ebenfalls eine gute Wirkung vor.

In 2—5 Tagen ist der Wirkstoff in der Pflanze in ungiftige und insektizidwirksame Stoffe umgewandelt. Bei Prüfungen auf Pflanzenverträglichkeit sind bei Chrysanthemen und einigen Hopfensorten Schäden aufgetreten. Eine Geschmacksbeeinträchtigung des Erntegutes ist bisher nicht festgestellt worden. Rogor ist bienenschädlich. Im allgemeinen wird eine Karenzzeit von 3 Wochen gefordert.

Im Präparat „Bi 58“ des VEB EKB Bitterfeld ist der vorgenannte Wirkstoff enthalten.

g) Phosphamidon*. Dieser Wirkstoff ist eine tiefbraune Flüssigkeit mit der chemischen Bezeichnung Dimethyl-

[diäthylamido-1-chlorcrotonyl-(2)]-phosphat und der Strukturformel:

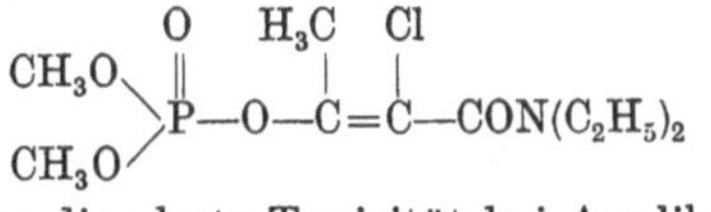

Angaben über die akute Toxizität bei Applikation per os beziehen sich auf die LD 100, die für Kaninchen 70, Ratten 50 und Mäuse 30 mg/kg beträgt. Im allgemeinen ist die Giftigkeit dieser Verbindung niedriger als bei Systox, aber doch höher im Vergleich zu anderen, neueren Phosphorsäureesterverbindungen. Toleranzwerte werden noch nicht genannt. Die Giftigkeit gegenüber Fischen ist sehr gering (1000—10000mal geringer als DDT). Phosphamidon ist gegen saugende und beißende Insekten wirksam und kann auch mit gutem Erfolg angewandt werden gegen Spinnmilben (Obst- und Hopfenbau, aber nicht Weinbau). Gegenüber Schmetterlingsraupen zeigt sich eine Selektivität. Für die Karenzzeit werden 21 Tage gefordert.

h) Thimet, Phorate*. Die chemische Bezeichnung lautet 0,0-Diäthyl-S-äthylmercaptomethyl-dithiophosphat mit folgender Strukturformel:

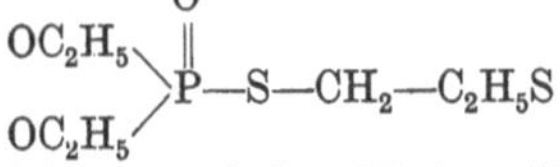

Dieser in den USA entwickelte Wirkstoff dient dort als Saatgutpuder für Baumwollsamen. Baumwollsaat, die mit einer Aktiv-Kohlemischung (50% A-Kohle und 50% Wirkstoff) behandelt wird, schützt die sich entwickelnden jungen Pflanzen 4—6 Wochen vor Befall durch saugende Insekten.

i) Disyston (Dithiosystox), chemische Bezeichnung: 0,0-Diäthyl-S-2-äthylmercaptoäthyldithiophosphat. Strukturformel:

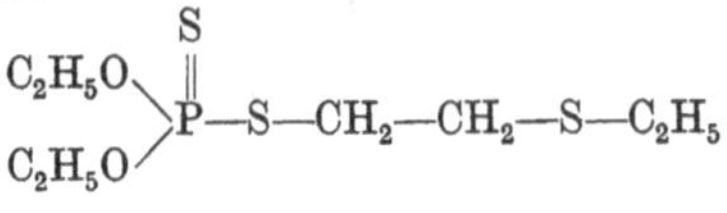

Auch dieser Wirkstoff, in Westdeutschland entwickelt, kann dem gleichen Anwendungsgebiet wie Thimet dienen.

6. Carbaminsäure-Derivate

Durch die Arbeiten von GISYN ist in den Laboratorien der Geigy AG in der Schweiz eine neue Verbindungsklasse mit beachtenswerten insektiziden Potenzen ausfindig gemacht worden. Insektizide einer anderen Verbindungsklasse können beim Auftreten von Resistenzerscheinungen, die sich gegen eine bestimmte Verbindungsgruppe (Gruppenresistenz) richten, eine besondere Bedeutung erlangen. Infolge der geringen Wirkungsbreite haben die Wirkstoffe dieser Verbindungsgruppe im praktischen Pflanzenschutz noch nicht eine so ausgedehnte Verbreitung gefunden. Über drei von ihnen seien im folgenden kurze Angaben gemacht.

a) Pyrolan ist chemisch ein 1-Phenyl-3-methylpyrazolyl-5-dimethylcarbamat mit der Strukturformel:

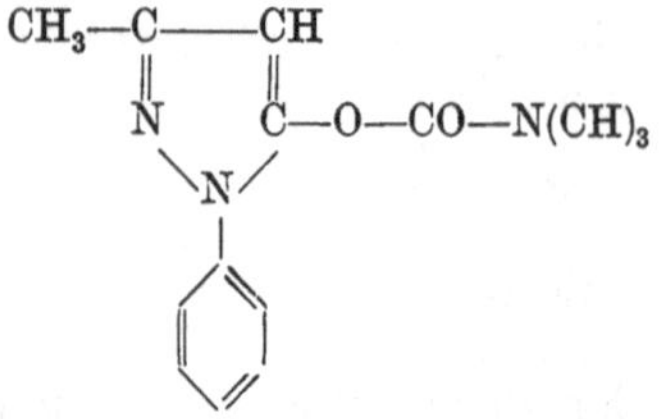

Die akute Toxizität ist bei oraler Aufnahme für Ratten durch den LD 50-Wert von 90 mg/kg gekennzeichnet. Der insektizide Wirkungsmechanismus beruht wahrscheinlich wie bei den Phosphorverbindungen auf einer Hemmung der Cholinesterase. Als Fraß- und Kontaktgift kommen die Carbaminsäureester zur Wirkung, die sich vorwiegend gegen Blattläuse mit einer 3wöchigen Wirkungsdauer richten.

b) Isolan hat die chemische Bezeichnung 1-Isopropyl-3-methylpyrazolyl-5-dimethylcarbamat mit folgender

Strukturformel:

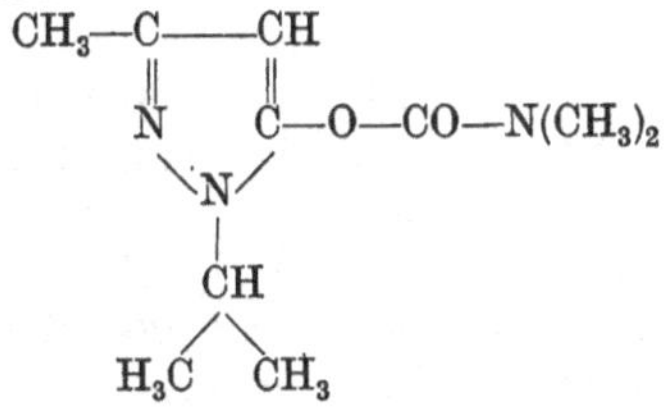

Die Giftigkeit ist im Vergleich zu Pyrolan annähernd doppelt so hoch. Dem Isolan kommt zusätzlich noch eine systemische Wirkung zu. Es wird gegen Blattläuse und Blutlaus empfohlen. Fliegen werden vom Isolan sehr schnell getötet, wobei die Wirkungsdauer aber nur gering ist.

Für die Karenzzeit werden 21 Tage gefordert.

c) **Sevin** ist 1-Naphthyl-N-methylcarbamat mit folgender Strukturformel:

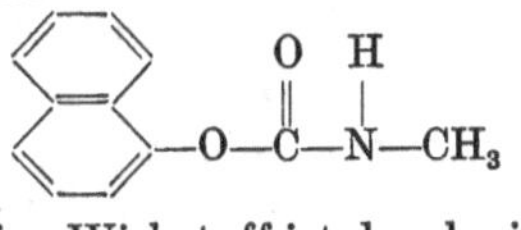

Der feste kristalline Wirkstoff ist durch eine geringe akute Toxizität gekennzeichnet. Es beträgt die LD 50 oral bei Ratten 500—700 mg/kg. Der Toleranzwert beläuft sich daher auf 10 ppm. Als Kontaktinsektizid kommt dieser Stoff vorwiegend gegen die Obstmade mit einer Karenzzeit von 7 Tagen zur Anwendung.

7. Organische Nitroverbindungen DNOC und DNBP, Dinoseb**

4,6-Dinitro-orthokresol DNOC* mit der Strukturformel:

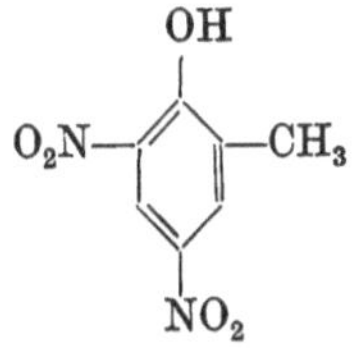

ist eine gelbe, kristalline Substanz mit nur geringer Wasserlöslichkeit. In Alkalien ist sie leicht löslich unter Bildung von Salzen. Da letztere in trockener Form beim Erhitzen verpuffen und explosiv reagieren können, kommen Gemische von Natrium- und Ammoniumsalzen des DNOC als Paste in den Handel. Die DNOC-Verbindung besitzt eine erhebliche Giftigkeit gegen Warmblütler, es wurde für die akute Toxizität bei Ratten ein oraler LD 50-Wert von 26 mg/kg gefunden. Außerdem wurde beobachtet, daß die Giftigkeit der Verbindung temperaturabhängig ist. Die Salze des DNOC sind etwas weniger giftig. Der Wirkstoff ist sowohl ein Fraß- als auch ein Kontaktgift und ist außerdem noch durch eine gute ovizide (eiabtötende) Wirkung gekennzeichnet.

Auf Grund der Entdeckung der synthetischen Kontaktinsektizide DDT und HCH ist der Anwendungsbereich des DNOC als Insektizid eingeschränkt worden. Früher wurde dieser Wirkstoff z. B. im Forst gegen Nonne und Kiefernspanner eingesetzt, während er heute als Insektizid nur noch als Winterspritzmittel im Obstbau angewandt wird. Über die Notwendigkeit der Winterspritzungen im Obstbau sind die Meinungen geteilt. Bezüglich des intensiv betriebenen Erwerbsanbaus wird behauptet, daß sie nicht mehr bestünde. Es würde damit dieses Anwendungsgebiet des DNOC durch die modernen Kontaktinsektizide eine weitere Einschränkung erfahren. Auf die überwinternden Stadien der Schadinsekten an Zweigen und Stämmen der Obstbäume wirkt DNOC als ätzender Stoff, der u. a. die Schale der Eier durchdringt und den Embryo tötet. Die Wirkung erstreckt sich auf Eier von Blattläusen, Blattsaugern, Frostspannern, Kirschblütenmotten, auf überwinternde Raupen von Knospenwicklern, Gespinstmotten und Sackträgermotten. Auch Zwetschgenschildläuse werden abgetötet. Bei später Spritzung, die natürlich vor dem Knospenaufbruch erfolgen muß, wird auch ein Teil der Apfelblütenstecher und der Apfelschalenwicklerraupen getroffen.

Die Toxizität und die Giftigkeit erfordern die genaue

Beachtung der von den Herstellerfirmen aufgeführten Vorsichtsmaßnahmen. Außerdem sind die Bienengefährlichkeit und die Fischgiftigkeit zu beachten.

Als Gelbspritzmittel findet auch noch das Dinitrobutylphenol DNBP mit der Strukturformel:

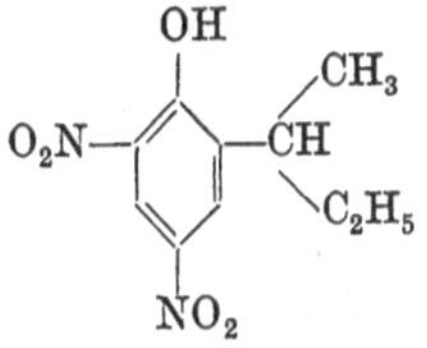

Verwendung. Da im Vergleich zu DNOC im Hinblick auf die insektizide Wirkung keine nennenswerten Unterschiede bestehen, erübrigt sich ein näheres Eingehen auf diese Verbindung.

Als Gelbspritzmittel auf Basis DNOC sind im Handel das Selinon und das Selinon-Konzentrat vom VEB Farbenfabrik Wolfen.

8. *Karbolineen, Mineralöle und Mischpräparate*

Obstbaumkarbolineen (OBC) sind Teeröle vorwiegend der Steinkohlendestillation. Man unterscheidet ein „OBC aus Schweröl" bei dem 55% der Bestandteile einen Siedepunkt über 270° haben. Liegen dagegen mehr als 55% der Bestandteile unter diesem Siedepunkt, so handelt es sich um ein „OBC aus Mittelöl". Neben dem Teeröl findet sich zu 20—25% ein Zusatz von Emulgatoren und anderen Begleitstoffen, so daß mit der vorgesehenen Wassermenge eine milchig weiße, haltbare Emulsion entsteht.

Beim Umgang mit OBC-Präparaten müssen wegen der ätzenden Wirkung auf die Haut Gesicht und Hände geschützt werden. Die Wirkung der OBC-Spritzbrühe beruht neben einer gewissen Giftwirkung hauptsächlich darauf, daß sich über die Eier und die anderen überwinternden Stadien ein Ölfilm absetzt, der einen hermetischen Abschluß bildet und damit die Sauerstoffaufnahme und Atmung unterbindet. Der Wirkungsbereich ist der gleiche wie bei den Gelbspritzmitteln. Als günstige Nebenwirkung ist noch die gleichzeitige Vernichtung von Flechten und Moosen auf der Baumrinde zu beobachten. Außerdem wird durch den Einfluß des „OBC" auch die Borke abgestoßen, so daß Stamm und Äste eine glatte Oberfläche erhalten. Ein weicheres Rindengewebe macht die behandelten Bäume anfällig gegen Blutläuse und Frost.

Während Gelbspritzmittel zweckmäßig im Februar ausgebracht werden, empfiehlt es sich, die OBC-Präparate im Winter einzusetzen.

Zwei Obstbaumkarbolineen sind im Handel, das Abolin (VEB Nitritfabrik Chemische Werke, Berlin-Köpenick) und das Rucabol (Rufach K.G. Dr. Wilhelmi & Co., Leipzig).

Mineralöle, die u. a. mit Schmierseifen zu emulgierbaren Präparaten verarbeitet werden, sind Destillationsprodukte aus Erdölen. Die dickflüssigen Schweröle werden als Winterspritzmittel gewählt. Der insektizide Wirkungsmechanismus gleicht dem der Obstbaumkarbolineen, jedoch ist die Wirkungsbreite geringer, da sie sich lediglich auf Schildläuse und Blutläuse erstreckt. Gegen die Eier der „Roten Spinne" ist die Wirkung unzureichend. In Europa haben sich die reinen Mineralöle nicht durchgesetzt, sondern nur in Lösung mit Dinitro-orthokresol und Emulgatoren. Man unterscheidet folgende Kombinationen:

Karbolineum/Gelbspritzmittel (Gelbkarbolineum), Mineralöl/Gelbspritzmittel (Gelböle). Außerdem bestehen noch Kombinationen mit einem „OBK" aus Schweröl. Die Kombination bewirkt ein größeres Wirkungsspektrum und eine erhöhte Wirkungsintensität. Die Steigerung des letzten Faktors resultiert aus dem unterschiedlichen Wirkungsmechanismus des Dinitro-orthokresols und des Mineralöls.

Ein Gelböl-Präparat „Fekama-Gelböl" wird vom VEB Fettchemie, Karl-Marx-Stadt, hergestellt.

Andere Mischpräparate kombinieren Mineralöle mit Phosphorsäureestern, z. B. Malathion, Diazinon und Parathion.

Vom VEB Farbenfabrik Wolfen ist Oleo-Wofatox im Handel.

Gewisse Vorteile dieser Präparate, die in Umgang und Handhabung gegenüber den Gelbspritzmitteln bestehen, sind aber gleichzeitig auch mit Nachteilen verbunden, weil ihre Anwendung sich nur auf eine kurze Zeitspanne im Winter erstreckt.

9. Sonstige organisch-synthetische Insektizide

a) Phenothiazin (Thiodiphenylamin). Noch einige Jahre vor der Entdeckung des DDT hat die insektizide Wirkung des Phenothiazins großes Interesse hervorgerufen. Es ist chemisch auch als Thiodiphenylamin zu bezeichnen mit der Strukturformel:

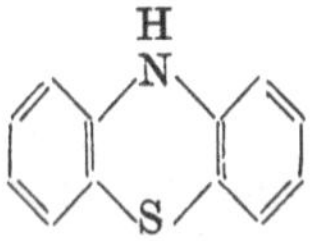

Die Giftigkeit für Warmblütler ist äußerst gering, denn für die LD 50 wurde oral an Ratten ein Wert von 5000 mg/kg gefunden. Da die Verbindung vom Darm nicht resorbiert wird, findet sie in der Veterinärmedizin zur Bekämpfung von Eingeweidewürmern Anwendung.

Schon 1934 wird von der guten Wirkung gegen Moskitolarven berichtet. Der Bekämpfungserfolg beruht auf einer Kontaktwirkung. In den USA ist es zur Bekämpfung des Apfelwicklers eingesetzt worden. Wegen seiner Bienenungefährlichkeit wurde es in Frankreich zur Bekämpfung der Rübsen- oder Senfblattwespe angewandt.

Eine nachteilige, die Wirkung sehr beeinträchtigende Eigenschaft ist die leichte Oxydierbarkeit, die besonders bei Einfluß des Sonnenlichtes gefördert wird.

b) Nirosan (Tetranitrocarbazol) ist chemisch als Tetranitrocarbazol zu bezeichnen. Die Strukturformel hat folgendes Aussehen:

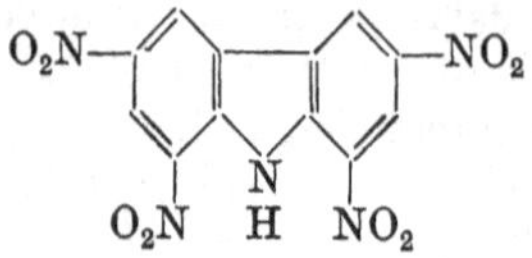

Mit Hilfe des 1938 in den Farbwerken Höchst entdeckten Wirkstoffes war es möglich geworden, die zur Bekämpfung des Heu- und Sauerwurms verwandten sehr giftigen Arsenmittel zu verdrängen. Die Insektizidität beruht hauptsächlich auf einer Fraßgiftwirkung, während die Kontaktgiftwirkung gering ist. Die betonte Fraßgiftwirkung des Nirosans und anderer Carbazol-Verbindungen, die einen großen Teil der Nutzinsekten schonen, hat besonderes Interesse bei der Bekämpfung beißender Insekten im Forst gefunden. Die bei kühlen Temperaturen auftretende lange Inkubationszeit und die nicht immer ausreichende Wirkungsintensität haben dazu geführt, daß sie in der chemischen Schädlingsbekämpfung des Pflanzenschutzes keinen festen Platz einnehmen konnten.

c) Thanite und Lethane (384). Thanite ist chemisch ein Isobornyl-thiocyanoacetat. Die Strukturformel lautet:

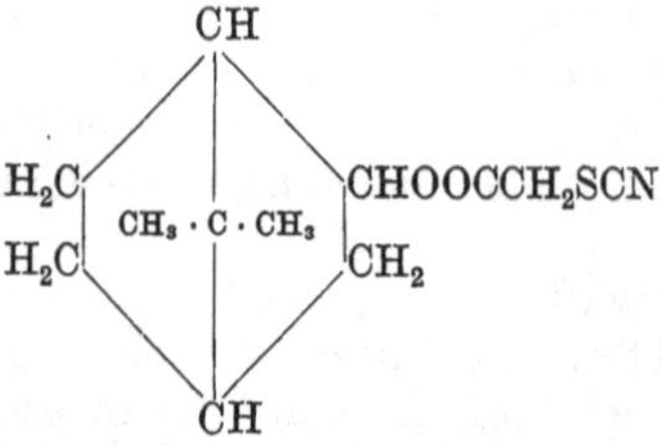

Lethane (384) hat die chemische Bezeichnung 2-Butoxy-2'-thiocyanodiäthyläther und die Strukturformel:

$$C_4H_9O—C_2H_4—O—C_2H_4—SCN$$

Der Gebrauch organischer Thiocyanate, zu denen die beiden genannten Wirkstoffe gehören, wurde in den USA zum ersten Male 1932 von MURPHY und PEET empfohlen. Sie fanden in den USA nicht nur zur Stubenfliegenbekämpfung in der Hygiene ihre Verwendung, sondern sie wurden auch in der Landwirtschaft zur Vernichtung saugender Insekten (Blattläuse und deren Eier, Blasenfüße, weiße Fliegen und Blattwanzen) eingesetzt. Annähernd 2700 t von Thiocyanatinsektiziden wurden 1944 in den USA verbraucht. In Europa sind diese Verbindungen nicht zum Einsatz gekommen.

d) Allethrin wird schlechthin als synthetisches Pyrethrum bezeichnet. Es gleicht ungefähr einer der 4 Wirkstoffkomponenten des Pyrethrums, dem Cinerin I. Chemisch hat es die komplizierte Bezeichnung d,l-cis,trans-Chrysanthemummonocarbonsäureester des d,l-2-Allyl-4-oxy-3-methyl-2-cyclopenten-1-ons. Die Strukturformel lautet:

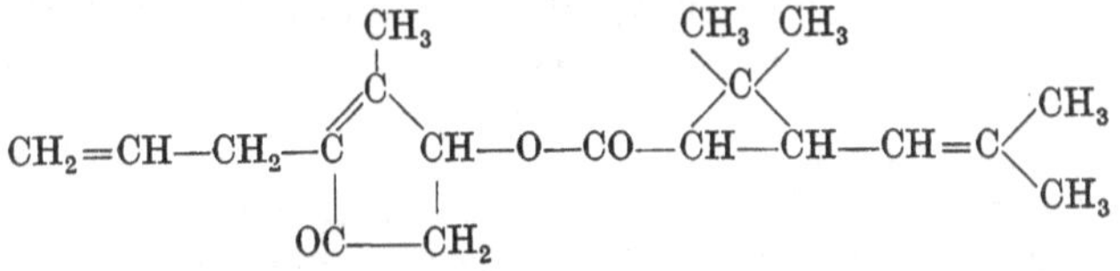

Die Synthese des Produktes, die 18 Zwischenstufen in sich einschließt und nur eine geringe Ausbeute bringt, ist trotzdem wirtschaftlich tragbar, denn das natürlich gewonnene Pyrethrum kann den Bedarf auf dem Gebiet des Vorratsschutzes und der Hygiene nicht decken. Die getrockneten Pyrethrumblüten enthalten nur 1,2% der insektiziden Wirksubstanz. Für 1954 war schon in den USA eine Produktion von 100 t vorgesehen. Das Allethrin ist in toxikologischer Hinsicht genau so unbedenklich, wie das natürliche Pyrethrum. Der orale LD 50-Wert beträgt bezüglich der akuten Toxizität bei Ratten 680 mg/kg.

Wegen seiner Ungiftigkeit wird der Wirkstoff vorwiegend in der Fliegenbekämpfung, gegen resistente Fliegen, eingesetzt. Außer seiner Anwendung im Vorratsschutz ist sein Einsatz in der Landwirtschaft gegen verschiedene Blattlausarten möglich. Die Bohnenblattlaus und die Pfirsichblattlaus sollen gegen Allethrin empfindlich sein. Wie beim Pyrethrum kann die Wirkung durch Kombination mit Synergisten erhöht werden.

10. Synergisten

Bei den Synergisten handelt es sich um Stoffe, die biologisch inaktiv oder im speziellen Fall selbst nicht insektizid sind, aber im Gemisch mit Insektiziden deren Wirkungsintensität zu erhöhen vermögen, wobei auch die Wirkungsdauer des Insektizids gesteigert werden kann.

Der synergistische Effekt wurde entdeckt, als mit Sesamöl aufbereitetes Pyrethrum insektizid wirksamer war als das mit anderem Öl gewonnene. Es wurde gefunden, daß das im Sesamöl enthaltene Sesamin den Synergismus bewirkt. Auch das aus dem Schwarzen Pfeffer (*Piper nigrum*) isolierte Alkaloid Piperin zeigte eine synergistische Wirkung. Die Suche nach weiteren Verbindungen dieses Typs führte dann zum bekannten Piperonylbutoxyd, das als Synergist im Gemisch mit Pyrethrum die Wirkung noch mehr steigerte, als es mit Sesamöl der Fall war.

Das Piperonylbutoxyd ist praktisch ungiftig. Seine Strukturformel lautet:

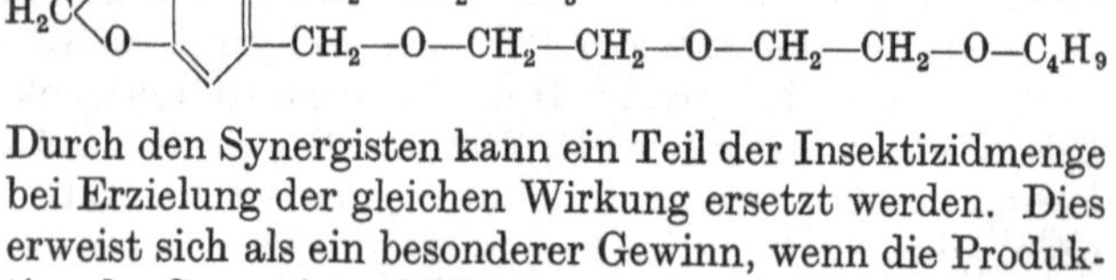

Durch den Synergisten kann ein Teil der Insektizidmenge bei Erzielung der gleichen Wirkung ersetzt werden. Dies erweist sich als ein besonderer Gewinn, wenn die Produktion des Synergisten billiger und wenn er überdies weniger toxisch ist. Bisher sind nur in Verbindung mit Pyrethrum und Allethrin echte und lohnende synergistische Effekte erzielt worden. Auch auf diesem Gebiet wird intensiv weiter geforscht.

11. Weitere Möglichkeiten der Schadinsektenbekämpfung

Zum Abschluß der bisher genannten Insektizide, die die chemische Bekämpfung von Schadinsekten ausmachen, soll die Aufmerksamkeit noch auf zwei andere chemische Methoden gelenkt werden, die aber große Schwierigkeiten bereiten und noch nicht praxisreif sind. Es ist bekannt, daß die morphologischen und anatomischen Veränderungen innerhalb der einzelnen Entwicklungsphasen des Insekts durch Hormone gesteuert werden. So hat man versucht, durch Einsatz des „Neotonin" (Juvenilhormon), das die Larvenbildung auslöst und die Bildung der Imago hemmt, entwicklungsstörende Elemente gegen die Insekten einzusetzen. Auch die Wirkung des Hormons „Ecdyson", das die Ausbildung des Imaginalstadiums lenkt, wurde untersucht. Der Bekämpfungseffekt wäre die völlige Unterbrechung der sonst normal verlaufenden Entwicklung. Diese Arbeiten sind mit dem Namen des deutschen Biochemikers BUTENANDT verbunden. Außerdem wird untersucht, wie man durch Anlockstoffe, seien es einerseits Sexualduftstoffe (z. B. Bombykol), deren Chemismus durch BUTENANDT ermittelt wurde, oder Stoffe, die von seiten der Wirtspflanze gebildet werden, die Schadinsekten auf bestimmte Plätze massieren könnte, um sie mit größerer Treffsicherheit, z. B. durch Einsatz von Insektiziden, zu vernichten. Mit dieser letzten Methode wären u. a. die Vorteile verknüpft, daß die Biozönose weitaus weniger beeinflußt wird und daß die Kulturpflanzen zum größten Teil von der Insektizidbehandlung verschont bleiben. Im Falle des Einsatzes von Hormonen, denen im Vergleich zu den Insektiziden ein besonderer Wirkungsmechanismus zugrunde liegt, wäre die Möglichkeit gegeben, der Insektizidresistenz mit Erfolg zu begegnen. Ein reiches Betätigungsfeld bietet sich hier für Chemiker, Biologen und Praktiker.

IV. Akarizide

Unter den Schädlingen haben die Spinnmilben sehr an Bedeutung gewonnen und nehmen in vielen Kulturen (Obst, Hopfen, Wein und Zierpflanzen) eine hervorragende Stellung ein. Die Bekämpfung der Spinnmilben wurde mit Hilfe der durch ihre Breitenwirkung ausgezeichneten Phosphoresterverbindungen, speziell der systemischen Insektizide, durchgeführt, und man erzielte sehr gute Bekämpfungserfolge. Die chlorierten Kohlenwasserstoffe haben sich insgesamt zur Bekämpfung der Spinnmilben mehr oder weniger als unwirksam erwiesen. Je häufiger und je intensiver der Einsatz der Phosphoresterverbindungen erfolgte, um so eher stellten sich als natürliche Abwehrreaktion die Resistenzerscheinungen ein, deren Auftreten durch das hohe Vermehrungspotential der Spinnmilben sehr gefördert wird. Durch die Einführung der spezifischen Akarizide gelang es zunächst, diese Resistenzerscheinungen zu vermeiden, bis auch gegen sie resistente Stämme selektioniert wurden, so daß sich zur Zeit eine Situation ergeben hat, die evtl. noch schlimmer ist als die der Insektizidresistenz. Auf Grund dieser Tatsache stellte bereits Gasser (1959 veröffentlicht) auf dem Vierten Internationalen Pflanzenschutzkongreß in Hamburg 1957 im Hinblick auf die Frage nach dem weiteren Vorgehen in der Milbenbekämpfung folgende Forderung: „Wir benötigen also dringend Akarizide aus neuen chemischen Stoffgruppen, die durch einen andersartigen Mechanismus auf die bis jetzt selektionierten Stämme eine Wirkung entfalten.“

Man hat für die Spinnmilben-Übervermehrung, die in den letzten 10 Jahren besonders in Erscheinung trat, verschiedene zutreffende Erklärungen gefunden. So ist bekannt, daß durch den erhöhten Einsatz von DDT zur Bekämpfung des Apfelwicklers die natürlichen Feinde der Spinnmilbe vernichtet worden sind. Außerdem erhöht DDT die Eiablage der Spinnmilben. Auch die intensiven Pflegemaßnahmen in den Obstkulturen schaffen für die Spinnmilben-Übervermehrung optimale Kleinklimaverhältnisse. Dem Spinnmilbenproblem liegt mit Sicherheit ein ganzer Ursachenkomplex zugrunde.

Neben den Spinnmilben verlangen auch die Weichhautmilben speziell in Erdbeerkulturen und im Zierpflanzenbau eine besondere Beachtung. Hier zeigten unter den chlorierten Kohlenwasserstoffen Lindan und besonders Endrin einen Bekämpfungserfolg. Wegen seiner Giftigkeit kann aber Endrin in Erdbeerkulturen nur nach der Ernte angewandt werden.

Auf die akarizide Wirkung der Phosphoresterverbindungen ist im Kapitel „Insektizide“ bereits hingewiesen worden. Mit der Anwendung der systemischen Insektizide ist der Vorteil verbunden, daß die Nützlingsformen, sofern sie nicht während der Spritzaktion getroffen werden, sehr geschont bleiben. Eine ovizide Wirkung besteht nicht.

Eine Phosphoresterverbindung sei, zumal sie noch nicht erwähnt worden ist, als Akarizid besonders genannt; es ist das Phenkapton.

*1. Phenkapton**

Der in der Schweiz von der Firma Geigy entwickelte Wirkstoff ist chemisch ein Diäthyl-S-dichlorphenyl-mercaptomethyl-dithiophosphat. Die Strukturformel hat folgendes Aussehen:

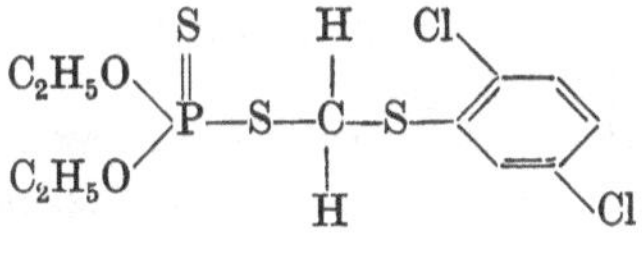

Bei Ratten beträgt die akute Toxizität per os LD 50 182 mg/kg. 10 Tage nach der Anwendung ist der Toleranzwert von 1 ppm in der Pflanze erreicht. Neben einer insektiziden Wirkung ist eine auffallend gute Wirkung gegen die Rote Spinne zu verzeichnen, und zwar gegen alle Stadien. Wenn auch eine systemische Wirkung fehlt, so ist doch die Tiefenwirkung sehr stark ausgeprägt. Mit einer guten Sofortwirkung ist eine Wirkungsdauer von mehreren Wochen verbunden.

Die jetzt folgenden spezifischen Akarizide sind besonders wirksam gegen die Eier und in vielen Fällen auch gegen die Larven, und manche von ihnen töten, wenn auch nicht 100%ig, die Ruhestadien und Imagines. Die Wintereier der Obstbaumspinnmilbe können hingegen mit ihnen nicht abgetötet werden.

2. Chlorfenson oder Ovotran (PCPCBS)*

Dieser Wirkstoff ist chemisch ein p-Chlorphenyl-p-chlorbenzolsulfonat mit der Strukturformel:

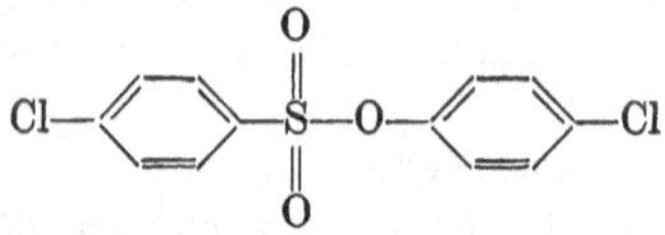

Die akute LD 50 per os beträgt 2000 mg/kg Ratte.

Ovotran ist praktisch für Warmblütler ungiftig. Bienen und Nutzinsekten werden geschont. Die Wirkung erstreckt sich vorwiegend gegen Sommereier. Um auch eine Wirkung gegen Larven und Nymphen und adulte Tiere zu erreichen, werden Phosphorsäureester zugegeben. Um gleichzeitig bei der Nachblütespritzung eine insektizide Wirkung zu erzielen, z. B. gegen den Apfelwickler, wird eine Kombination mit DDT vorgenommen. Selbst ein Fungizid ist der obengenannten Kombination noch beigegeben worden.

Bei der Bekämpfung der Obstbaumspinnmilbe wird die erste Spritzung während des Schlupfes der Wintereier durchgeführt. Bei Gurkengewächsen und einigen Apfelsorten sind pflanzenschädigende Einflüsse zu verzeichnen.

Folgende Präparate basieren auf Chlorfenson oder sind zusätzlich mit anderen Wirkstoffen kombiniert: Fekama S 59 (Chlorfenson), Fekama Spezial (Chlorfenson + DDT + Dichlorvos), hergestellt vom VEB Fettchemie, Karl-Marx-Stadt; Bercema-Chlorfenson 50, Bercema Obstbaumspritzmittel A.F.I. (Chlorfenson + DDT + Lindan + Ziram), Bercema-Spritzpulver DA 235 (Chlorfenson + DDT) vom VEB Berlin-Chemie.

3. Fenson, Murvesco (PCPBS)*

Die chemische Bezeichnung heißt p-Chlorphenylbenzolsulfonat mit der Strukturformel:

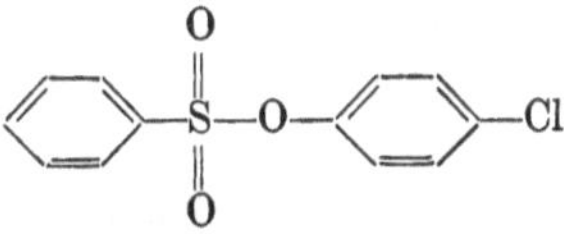

In Wirkung und Eigenschaften gleicht oder ähnelt dieser Wirkstoff dem Chlorfenson. Abweichend zeigt er auch eine Wirkung gegen Larven und einige Imagines. Die Wirkungsdauer soll geringer sein als beim Chlorfenson.

4. Genite (923i)

Ebenfalls zu den Chlorbenzolsulfonaten gehörig, ist Genite chemisch ein 2,4-Dichlorphenylbenzolsulfonat mit der Strukturformel:

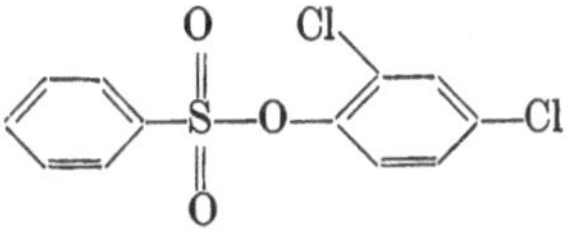

Die orale LD 50 beträgt bei weißen Mäusen 20000 mg/kg, so daß die Verbindung für Warmblütler praktisch ungefährlich und nicht bienengiftig ist. Bei Schonung der Nutzinsekten hat sie neben der eiabtötenden Wirkung eine Wirkung gegen Larven und teilweise gegen erwachsene Milben.

Es sei noch erwähnt, daß für die Benzolsulfonate eine Karenzzeit von 14 Tagen und bei Gurken von 7 Tagen gefordert wird.

5. *Chlorbenzilat**

4,4'-Dichlorbenzilsäureäthylester ist die chemische Bezeichnung des von der Firma Geigy in der Schweiz entwickelten Wirkstoffes mit der Strukturformel:

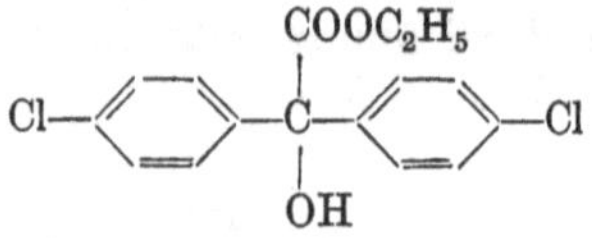

Die äußerst geringe Warmblütlertoxizität wird durch die Angabe der akuten LD 50 von 4850 mg/kg Ratte per os gekennzeichnet. Eine Tiefenwirkung fehlt, und die Stadien der Spinnmilben müssen nach Möglichkeit direkt getroffen werden. Die Wirkung richtet sich noch mehr gegen die beweglichen Stadien als gegen die Sommereier. Sind alle Wintereier geschlüpft, so kann die Spritzung erfolgen. Phytotoxische Nebenwirkungen sind zu beachten bei Gurken, Reineclauden und Pflaumen.

In den USA wird z. B. für behandelte Äpfel eine Toleranz von 5 ppm angegeben.

6. *Tedion V 18, Tetradifon**

Chemisch ist Tedion 2,4,5,4'-Tetrachlordiphenylsulfon. Die Strukturformel lautet:

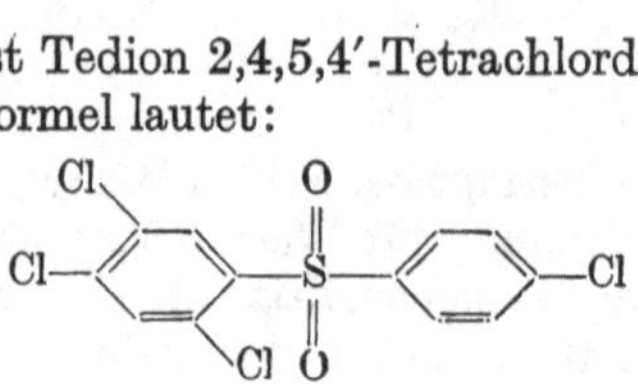

Es handelt sich um einen Wirkstoff, der als völlig ungiftig bezeichnet werden kann. Dosen von 5000 bis 14700 mg/kg führen bei Ratten zu keiner Sterblichkeit. 6 Monate währende Fütterung mit 20000 ppm verursachte keine tödliche Wirkung bei Ratten. Vorwiegend Sommereier und die schlüpfenden Larven werden vernichtet. Schon während des Larvenschlupfes aus den Wintereiern werden die Larven abgetötet. Eine Tiefenwirkung, die die Eier und auch die Larven auf der Blattunterseite töten, sowie eine lange Wirkungsdauer (6 bis 8 Wochen) zeichnen Tedion aus. Ein weiterer Vorteil ist der, daß phytotoxische Nebenwirkungen kaum auftreten. Gurken unter Glas und Zierpflanzen werden geschont.

„Akarizides Spritzmittel Fl 6/60" mit dem Wirkstoff Tetradifon wird vom VEB Fahlberg-List, Magdeburg, herausgebracht.

7. Kelthane

Der Wirkstoff heißt chemisch Bis-(p-chlorphenyl)-trichloräthanol und besitzt folgende Struktur:

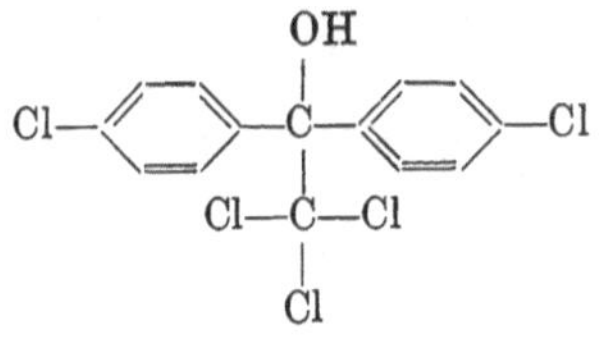

Die Giftigkeit gegen Warmblütler ist im Vergleich zu anderen spezifischen Akariziden höher, aber doch noch verhältnismäßig gering. Die orale LD 50 beträgt 684 mg/kg bei weiblichen und 809 mg/kg bei männlichen Ratten. Der Toleranzwert ist in den USA mit 7 ppm festgelegt. Ein besonderes Kennzeichen ist die Wirkung, die sich nur gegen die beweglichen Stadien der Spinnmilben und außerdem auch gegen Weichhautmilben richtet. Infolge der geringen Toxizität gegenüber Endrin können die Erdbeermilben auch vor bzw. während der

Blüte (bienenungefährlich) behandelt werden, wenn die erforderliche Karenzzeit von 14 Tagen eingehalten wird. Ein weiterer Vorteil dieses Wirkstoffes ist die äußerst geringe Phytotoxizität, so daß er ohne Bedenken bei Gurkengewächsen und im Zierpflanzenbau angewandt werden kann.

8. Aramite

Chemisch ist dieser Wirkstoff 2-(p-tert.-Butylphenoxy)-isopropyl-2-chloräthylsulfit mit folgender Struktur:

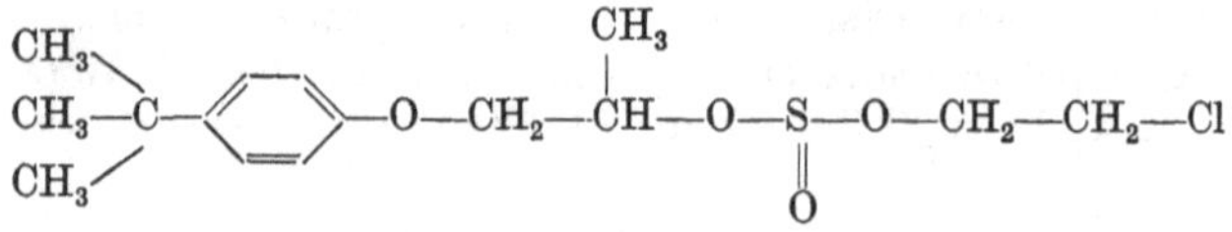

Die Toxizität gegenüber Warmblütlern ist ebenfalls gering. Wie bei Kelthane richtet sich die Wirkung vorwiegend gegen die beweglichen Stadien. Die akute Toxizität (LD 50 per os) beträgt ca. 3900 mg/kg Ratte.

9. Antimil (aromatischer Thioäther)

Dieser vom VEB EKB Bitterfeld im Präparat Antimil eingesetzte Wirkstoff ist Bis-(p-chlorphenylthio)-methan mit folgender Strukturformel:

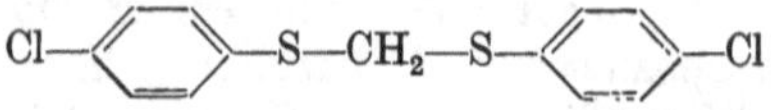

Er ist durch eine geringe Warmblütlertoxizität ausgezeichnet und zeigt neben seiner Wirkung gegen Spinnmilben einen Effekt gegen Weichhautmilben im Zierpflanzenbau (z. B. Azaleen) und bei intensiver Spritzung auch gegen Erdbeermilben. Es liegt auch eine Kombination mit DDT und Lindan vor in den Präparaten Tertexol und Tertiol.

10. Chinothionat (Eradex)

Der erst vor wenigen Jahren in den Bayerwerken entwickelte Wirkstoff ist ein Chinoxalin-2,3-trithiocarbonat mit der Strukturformel:

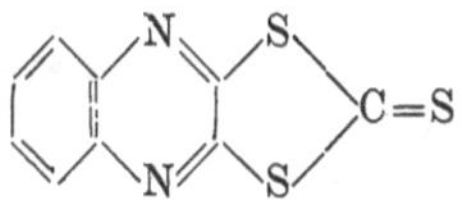

Mit einer akuten Toxizität (LD 50 per os) von ca. 2000 mg/kg Ratte ist der Wirkstoff gegen Warmblütler als ungiftig zu bezeichnen. Eradex ist bienenungefährlich. Der akarizide Effekt beruht auf einer Fraß- und Kontaktgiftwirkung. Trotz des niedrigen Dampfdruckes ist die Wirkung in der Gasphase nicht außer acht zu lassen. Die Wirkung richtet sich vorwiegend gegen Larven, jedoch werden auch Sommereier abgetötet. Aus der Stabilität des Wirkstoffes resultiert eine relativ lange Wirkungsdauer. Gegen Weichhautmilben (Tarsonemiden) und Gallmilben (Eriophyiden) sind Bekämpfungserfolge erzielt worden. Resistente Milbenrassen werden genauso abgetötet wie normal sensible Tiere. Eine gleichzeitige Wirkung gegen Mehltau im Obst- und Weinbau ist beachtenswert.

11. Sonstige Akarizide

Die im Weltmaßstab noch genannten Akarizide folgen anschließend ohne nähere Angaben:
Chlorocide (p-Chlorbenzyl-p-chlorphenylsulfid)
Dimite (Bis-[p-chlorphenyl]-methylcarbinol)
Sulphenone (p-Chlorphenyl-phenylsulfon)
Neotran (Bis[-p-chlorphenoxyd]-methan)
Karathane, das auch akarizide Wirkungen aufweist, ist bereits unter den Fungiziden behandelt worden.

V. Nematizide

Nematizide dienen zur Bekämpfung von Nematoden, die zu den höher entwickelten Rundwürmern gehören. Die Nematoden werden auch Fadenwürmer oder Älchen genannt. Die an oder in Pflanzen lebenden Nematoden sind meist nicht viel größer als 1 mm. Sie können z. B. mit Hilfe eines Mundstachels in die Wurzeln eindringen und setzen sich dort in verschiedenen Gewebsschichten fest. Andere Arten bohren sich in Triebe und Blätter ein, ja sogar Blüten und Früchte können befallen werden. Die Ursachen ihres Schadens an Kulturpflanzen beruhen nicht nur auf einem Säfte- und Nahrungsentzug, sondern mehr noch auf einem Ausscheiden toxischer Stoffe, die zu Zell- und Gewebsveränderungen (Gallenbildung) führen. Nach Goffart (1951) können Kümmerwuchs, Verkrüpplung und Stauchung der Triebe, Mißbildungen am Vegetationspunkt, geringe Blühfreudigkeit, verkümmerter Fruchtansatz, nekrotische Flecke an Blättern sowie vorzeitige Vergilbungs- und Welkeerscheinungen die Symptome eines Nematodenbefalles sein. Nach ihrer Lebensweise unterscheiden wir Ekto- und Entoparasiten.

Die z. B. zu den Gattungen *Aphelenchus*, *Aphelenchoides*, *Pratylenchus*, *Paratylenchus* gehörenden Ektoparasiten verursachen Müdigkeitserscheinungen in Baumschulen und Gemüsekulturen. Die in oberirdischen Pflanzenteilen lebenden Blatt- und Stengelälchen sind Entoparasiten und haben hauptsächlich im Zierpflanzenbau Bedeutung. Die Blattälchen gehören zur Gattung *Aphelenchoides* und die Stengelälchen zur Gattung *Ditylenchus* mit der bedeutungsvollen Art *Ditylenchus dipsaci* (Stockkrankheit des Roggens). Die Wurzeln der Kulturpflanzen können von den entoparasitischen Wurzelgallenälchen und zystenbildenden Nematoden befallen werden. Die letzteren, zur Gattung *Heterodera* gehörig, sind von besonderer Bedeutung. Weibchen dieser Gattung wandeln sich zu einer Zyste oder Brutkapsel um, in der lebensfähige

Eier oder Larven viele Jahre überdauern können. Diese zystenbildenden Nematoden bereiten der chemischen Bekämpfung die größten Schwierigkeiten, denn durch die Widerstandsfähigkeit der Zystenhaut wird das Eindringen der chemischen Stoffe wesentlich erschwert.

Der zu den Zysten bildenden Nematoden gehörende Rübennematode (*Heterodera schachtii*) ist auf Grund der durch intensive Forschungsarbeit gewonnenen biologischen Erkenntnisse mit Hilfe einer sogenannten Reinigungsfruchtfolge, die den Anbau von Feindpflanzen (Luzerne, Zichorie, Roggen, Zwiebel) einschaltet, zu bekämpfen. Die Feindpflanzen verursachen zwar durch ihre Reizstoffe das Schlüpfen der Larven, verwehren diesen aber die Möglichkeit, sich in ihren Wurzeln weiterzuentwickeln. Mit diesen biologischen Maßnahmen ist es ohne den Einsatz chemischer Abwehrstoffe gelungen, die Populationsdichte des Rübennematoden derart zu begrenzen, daß die Rüben ungefährdet bleiben.

Wesentlich gefährlicher und damit bedeutungsvoller ist der ebenfalls zur Gattung *Heterodera* gehörende Kartoffelnematode *H. rostochiensis*. Er ist der Feind Nr. 1 der Kartoffel. In allen Ländern des Kartoffelanbaues ist der Schädling eine drohende Gefahr, und seine Bekämpfung ist ein Weltproblem größten Ausmaßes. In Holland und in der DDR ist es gelungen, durch Einkreuzung resistenter Wildkartoffeln gegen Kartoffelnematoden widerstandsfähige Sorten zu züchten, die bereits auf größeren Flächen zum Anbau gelangen. Alle anderen Bekämpfungsmöglichkeiten, sei es der Einsatz schlupfhemmender (Allylisothiocyanat) oder schlupffördernder Wirkstoffe (Tetronsäureanhydrid, Calciumhypochlorit, Pikrinsäure), und sei es schließlich der Anbau von Feindpflanzen, haben trotz intensivster Forschung noch zu keinen endgültigen praktischen Erfolgen geführt. Das gleiche gilt auch bisher für die Bekämpfung mit Hilfe chemischer Abwehrstoffe durch Bodenentseuchung, der sich Schwierigkeiten mannigfacher Art entgegenstellen. So sind einmal größere Flüssigkeitsmengen (6—10 l/m^2) notwendig, damit die wirksamen Stoffe nicht von der obersten Schicht absorbiert, sondern die nematodenbewohnten Bodenzonen gleichmäßig, d. h. in vertikaler und horizontaler Richtung, durchdrungen werden. Vielfach sind die wirksamen chemischen Verbindungen phytotoxisch, so daß nach der Behandlung des Bodens eine Wartezeit verstreichen muß, ehe die Aussaat oder Bepflanzung vorgenommen werden kann. Die Intensität der phytotoxischen Wirkung ist anscheinend auch von klimatischen Einflüssen abhängig, denn in den USA entwickelte Präparate verlieren unter europäischen Klimaverhältnissen längst nicht so schnell ihre pflanzenschädigende Wirkung. Ferner ist die Wirkung der Nematizide von vielen Faktoren abhängig. Auf leichten Böden ist die Mehrzahl der Mittel wirksamer als auf schweren Böden, bei denen ein Teil der Mittel absorbtiv gebunden wird. Auch Bodenstruktur, Bodenfeuchtigkeit und Bodentemperatur können für die Wirkung der Nematizide bestimmend sein. Im allgemeinen kann festgestellt werden, daß auch auf dem Gebiet der Nematizidforschung in den letzten Jahren beachtenswerte Erfolge erzielt wurden. Speziell gegen freilebende Nematoden sind wirksame Präparate entwickelt worden, und bei hochwertigen Kulturen des Gartenbaues sind die erforderlichen Aufwandmengen auch wirtschaftlich tragbar. Im Feldbau dagegen scheiterte z. B. die Bekämpfung der Kartoffelnematoden schon an der Kostenfrage infolge des hohen Mittelaufwandes.

1. Formalin

Das Formalin (40%ige Lösung von Formaldehyd HCHO in Wasser) besitzt als Bodenentseuchungsmittel auch eine Wirkung gegen Vermehrungspilze. Es weist nur eine begrenzte Wirkung gegen freilebende Nematoden auf. Mit verdünnten Lösungen von Formalin bei bestimmten Wärmegraden ist es im Tauchverfahren teilweise gelungen, an Begonien- und Gloxinienknollen gegen Zysten von Kartoffelnematoden eine Wirkung zu erzielen. Es sei hierbei erwähnt, daß schon mit der Warmwasserbehandlung allein gewisse Erfolge gegen Älchen z. B. an Erdbeeren erreicht worden sind.

2. *Schwefelkohlenstoff*

Der Schwefelkohlenstoff (CS_2), eine zu den ältesten Schädlingsbekämpfungsmitteln gehörende Substanz, zeigt auch eine Wirkung gegen Nematoden. Bis 1954 war es in Westdeutschland als das allein amtlich anerkannte Mittel zur Bekämpfung der freilebenden und Wurzelgallennematoden im Pflanzenschutzmittelverzeichnis aufgeführt. Zur Nematodenbekämpfung wird die farblose, leicht flüchtige, übelriechende und sehr leicht entzündliche Flüssigkeit mit Handinjektoren (Aufwandmenge 500 ccm/m^2 gleichmäßig verteilt) in den Boden appliziert. Die im Boden sich bildenden Gase wirken nematizid. Gegen Wurzelgallenälchen erwies sich die Zubereitung des Schwefelkohlenstoffes als Emulgierungsmittel wirksam, da die Gasbildung sich bei diesem Präparat langsamer vollzieht. Die Behandlung muß wegen der phytotoxischen Wirkung auf unbepflanzten Böden stattfinden. Nach einer Karenzzeit von 10 Tagen kann die Bepflanzung vorgenommen werden. Als positive Nebenwirkung zeigte sich ein besseres Pflanzenwachstum. Wegen der hohen Kosten für die erforderlichen Mengen ist die Anwendung bisher nur auf Gewächshäuser, Saatbeete und vereinzelt auf kleine Feldstücke beschränkt geblieben.

Die große Feuergefährlichkeit und die Giftigkeit (Nervengift, das u.a. Übelkeit, Krämpfe und Sehstörungen verursacht) haben die Anwendung in der Praxis äußerst begrenzt.

3. *Zystogon*

In früheren Jahren fand auch eine organisch-synthetische Verbindung der Dimethyldithiocarbamidsäuremethylester im Präparat Zystogon als Nematizid Beachtung. Die Strukturformel des Wirkstoffes lautet:

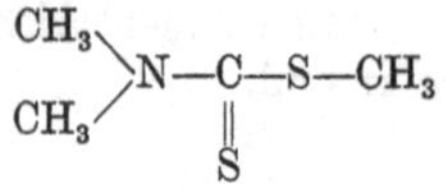

Die Resultate der Bekämpfung gegen den Kartoffelnematoden waren in letzter Konsequenz nicht überzeugend. Der hohe Kostenaufwand und das gelegentliche Auftreten phytotoxischer Erscheinungen ließen die Praxis von diesem Präparat Abstand nehmen. Bemerkenswert ist noch die Tatsache, daß der hier genannte Wirkstoff im Präparat Forbiat enthalten war. Als Kohlfliegenmittel ist letzteres von den modernen Kontaktinsektiziden verdrängt worden.

4. Kontaktinsektizide

Es hat nicht an zahlreichen Versuchen gefehlt, die modernen Kontaktinsektizide auf ihre nematizide Wirkung zu prüfen. Bis auf geringe Teilerfolge war auch mit den Kontaktinsektiziden das Nematodenproblem bisher nicht zu lösen. Nicht unerwähnt sollen aber die Bekämpfungserfolge bleiben, die mit dem durch seine Tiefenwirkung ausgezeichneten E 605 oder Parathion gegen Blattälchen erzielt worden sind. Bei wiederholter Anwendung hat sich diese Methode im Zierpflanzenbau bewährt. Bei den Parathion-empfindlichen Chrysanthemen ist Systox zur Bekämpfung der Blattälchen erfolgreich eingesetzt worden.

5. Aliphatische Halogen-Kohlenwasserstoffe

a) Dichlorpropan-Dichlorpropen (D-D). Besondere Beachtung verdient das wohl zur Zeit in den USA am häufigsten angewandte Nematizid Shell D-D, das chemisch ein Gemisch von 1,2-Dichlorpropan ($C_3H_6Cl_2$) und 1,3-Dichlorpropen ($C_3H_4Cl_2$) im Verhältnis 1:2 ist. Die Strukturformeln lauten:

$$CH_3—CHCl—CH_2Cl \qquad CHCl{=}CH—CH_2Cl$$

Die zwischen +90° und +160 °C siedende, dunkle, im Wasser nicht lösliche Flüssigkeit besitzt gegen Warmblütler eine orale Toxizität von 140 mg/kg Ratte. Haut und besonders Augen müssen geschützt werden, und das Einatmen in konzentrierter Form ist unbedingt zu vermeiden. Im Boden geht das Mittel nach 3—4 Wochen in den gasförmigen Zustand über. Während dieser Zeit wirkt das Mittel pflanzenschädigend, so daß mit einer 3—4 Wochen dauernden Wartezeit gerechnet werden muß, ehe die Bepflanzung vorgenommen werden kann. Als Bodenentseuchungsmittel ist die Wirkung des D-D von der Temperatur, Feuchtigkeit und Bodenstruktur abhängig. So erklärt es sich wohl, daß die in den wärmeren Gegenden Amerikas erzielten guten nematiziden Erfolge in Europa infolge anderer klimatischer Verhältnisse nicht erreicht wurden. Die Bodenfeuchtigkeit soll um ca. 10—20% liegen, und in sandigen Böden ist der Bekämpfungseffekt am besten. Gegen wandernde Älchen wirkt das Mittel in einer Aufwandmenge von 50 ccm/m² mit einer 95—98%igen Abtötung. Aufwandmengen von 200—600 kg/ha im Freiland waren auch gegen zystenbildende Nematoden, einschließlich der Kartoffelnematoden, wirksam. In Gewächshäusern erzielte man mit D-D zur Bekämpfung von *Heterodera rostochiensis* und *Meloidogyne* spp. gute Ergebnisse, und es war billiger als das Dämpfen oder die Chlorpikrinbehandlung der Erde. D-D hat geringe insektizide und herbizide Eigenschaften.

b) **Äthylendibromid, Dowfume (EDB).** Der chemisch mit 1,2-Dibromäthan bezeichnete Wirkstoff ist in Naphta löslich. Ein Produkt mit 41 bzw. 83 Gemischanteilen des EDB heißt Dowfume 45 und Dowfume 85. Ein Vorteil gegenüber dem D-D ist die geringe Giftigkeit. Es ist auch nicht so phytotoxisch und besitzt ein gutes Eindringungsvermögen in unzersetzte Pflanzenwurzeln. In den

USA wird es in ähnlichem Umfang wie das D-D eingesetzt, aber bei gleichen Aufwandmengen ist es auf Grund europäischer Erfahrungen in seiner nematiziden Wirkung abgeschwächt.

c) **Nemagon, Dibrom-Chlorpropan (DBC),** hat folgende Struktur:

$$CH_2Br—CHBr—CH_2Cl$$

Die Warmblütlertoxizität ist bei männlichen Ratten durch einen per os LD 50-Wert von 173 mg/kg gekennzeichnet. Infolge des geringen Dampfdruckes geht nur wenig Wirksubstanz bei den Injektionen in den Boden verloren (Aufwandmenge 12,5 bis 100 l/ha). Gegenüber Wurzelgallenälchen zeigt sich im Boden eine lange Inkubationszeit, derart, daß 4 Wochen nach der Behandlung noch lebende Älchen angetroffen werden, die aber geschwächt sind und die Wurzeln nicht mehr befallen können, später sterben sie ab. Gegen Rübennematoden und Wurzelgallenälchen soll die Wirkung 8—16mal größer sein als die von D-D. Es ist als wirksam befunden worden gegen Stengelälchen, Wiesenälchen, Reisnematoden und bestimmte *Heterodera*-Arten. Als Vorteil sind die geringe Phytotoxizität und das Fehlen einer Geschmacksbeeinträchtigung zu beachten.

d) **Chlorbrompropan (CBP)** sei der Vollständigkeit halber unter den aliphatischen Halogenkohlenwasserstoffen noch genannt. Dieser Wirkstoff hat sich zur Nematodenbekämpfung in Saatbeeten und zur Entseuchung mit Kartoffelnematodenzysten behafteter Begonien- und Gloxinienknollen bewährt.

e) **Methylbromid** (CH_3Br) ist eine sehr flüchtige Verbindung (Siedepunkt +4 °C). Sie kommt in höher siedenden Lösungsmitteln gelöst zur Anwendung. Der kaum merkbare Geruch der Dämpfe und das späte Auftreten von Vergiftungserscheinungen erhöhen die Giftgefahr des Wirkstoffes. 1000 ppm enthaltende Luft führt zu Kopfschmerzen, Brechreiz, Gleichgewichtsstörungen und Krämpfen, während 2000—4000 ppm, 30—60 Minuten lang eingeatmet, lebensgefährlich wirken.

Da es infolge seiner Flüchtigkeit nach 2—4 Tagen den Boden verlassen hat, erübrigt sich eine längere Wartezeit vor der Bestellung. Gegen Wurzelgallenälchen in Tabak-, Sellerie- und anderen Saatzuchtbeeten sind Erfolge erzielt worden. Maschinen, Geräte und Verpackung, die mit Nematodenzysten verseucht sind, wurden mit Methylbromid vergast, um die Verschleppungsgefahr von Nematodenzysten zu vermeiden. In den USA kommt der Wirkstoff auch im Gemisch mit Chlorpikrin zur Anwendung. Im Vergleich zu den vorher beschriebenen Wirkstoffen ist die nematizide Wirkung noch weiter abgeschwächt.

Wegen seiner gleichzeitig guten insektiziden Wirkung findet es mehr und mehr im Vorratsschutz eine praktische Anwendung. Durch die hohe Flüchtigkeit bleiben keine Rückstände.

6. Chlorpikrin (Larvacide)

Chlorpikrin (Cl_3CNO_2), auch Nitrochloroform genannt, weist mit letzterer Bezeichnung auf eine chemische Verwandtschaft der vorangegangenen Nematizide hin. Die schwachgelbe Flüssigkeit (Siedepunkt +112 °C) ist wesentlich giftiger als Blausäure. Jedoch sind 8,4 mg/m³ Luft durch Hustenreiz und Tränen der Augen deutlich bemerkbar, während 120 mg/m³ Luft, 30—60 Minuten lang eingeatmet, lebensgefährlich sind. Wegen der vorzeitigen Warnung sind tödliche Unfälle nicht bekannt. Da das Mittel einen hohen Dampfdruck hat, muß die Oberfläche des Bodens nach der Behandlung mit Wasser verschlämmt werden, damit der Dampf nicht entweicht. Man spricht von einem Wasserspiegel, mit dem die Bodenoberfläche versehen wird. Nur kahle Böden können behandelt werden, und erst nach einer Wartezeit von 1—4 Wochen kann mit der Bestellung begonnen werden. Die Bodentemperatur muß mindestens +7 bis +10 °C erreicht haben. Die Aufwandmengen betragen auf Kulturflächen von Gemüse unter Glas, Früh- und Aussaatbeeten sowie hochwertigen Freilandkulturen 30 bis 50 ccm/m². Chlorpikrin wird hauptsächlich bei Gemüse unter Glas angewandt. Gegen Wurzelgallenälchen und wandernde Nematoden besteht eine sehr gute Wirkung. In Baumschulen ist es zur Bekämpfung der Bodenmüdigkeit mit Erfolg angewandt worden. Im Vergleich zu D-D ist die Behandlung mit Chlorpikrin ca. 4mal teurer. Chlorpikrin hat auch fungizide, bakterizide und herbizide Eigenschaften.

7. *Vapam** ist chemisch ein Natrium-N-methyldithiocarbamat mit folgender Struktur:

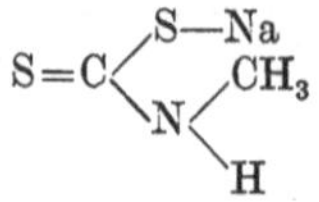

Die akute Warmblütlertoxizität beträgt bei Kaninchen dermal 800 mg/kg. Der Wirkstoff reizt Augen, Haut und Schleimhäute. In den Boden eingebracht, erfährt die Verbindung eine Umwandlung und spaltet ein wirksames Gas ab. Dies erfordert, daß der Boden feucht ist und die Bodentemperatur nicht unter +5 °C liegt. Nach ca. 7 Tagen muß man den Boden bearbeiten und lockern, um das Entweichen des Gases zu beschleunigen. Das Präparat wird mit Erfolg gegen Wurzelgallenälchen (*Meloidogyne* sp.) mit einer Aufwandmenge von 150 ccm/m² und gegen freilebende Nematoden mit 100 ccm/m² eingesetzt. Dabei wird zweckmäßig die genannte Menge mit 5 l Wasser/m² in den Boden eingeschlämmt. Bei einer Mittelmenge von 150 ccm/m² sind auch gegen Kartoffelnematodenzysten beachtenswerte Erfolge erzielt worden, aber bei einem Mittelpreis von 1,50 DM/m² ist das Verfahren für den Feldbau viel zu teuer.

Zum Schluß möge noch die große Wirkungsbreite des Wirkstoffes erwähnt werden, die außer der nematiziden auch eine bakterizide, fungizide, herbizide und insektizide Eigenschaft besitzt. Gegen Kohlhernie und andere Bodenpilze sowie gegen Unkrautsamen wird ein Gießen mit 100 ccm in 2 l Wasser empfohlen.

Der VEB EKB Bitterfeld stellt ein „Nematizid Ne 45“ auf dieser Wirkstoffbasis her.

8. *Mylone**

Der kristalline, weiße und fast geruchlose Wirkstoff ist chemisch ein 3,5-Dimethyl-tetrahydro-1,3,5,2-H-thiadiazin-2-thion mit folgender Struktur:

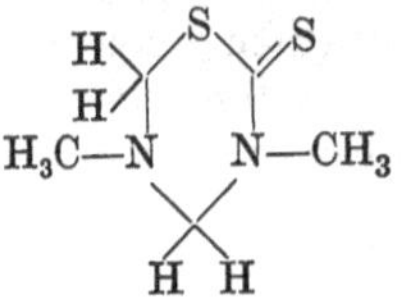

Für die orale akute Warmblütlertoxizität wird von seiten der USA ohne Nennung des Testtieres der Wert von 500 mg/kg angegeben. Das Mittel wird, in der Aufwandmenge von 50 g in 5 l Wasser gut verrührt, zur Bekämpfung von Wurzelgallenälchen und freilebenden Nematoden in den unbestellten, aber gründlich durchlockerten Boden eingebracht. Nach der Applikation ist ein Fräsen (10—15 cm tief) oder Pflügen erforderlich. Anschließend empfiehlt sich ein Wasserspiegel (siehe Seite 127) oder das Abdecken der Erde mit Mistbeetfenstern oder Kunststoffen. Die Karenzzeit (2—4 Wochen) wird durch eine Bodentemperatur von über +15 °C und ausreichende Feuchtigkeit verkürzt.

Mylone wird zusätzlich auch gegen Bodenpilze außer Kohlhernie und gegen keimende Unkrautsamen (Aufwandmenge 50 g/m^2 in 2 l Wasser) angewandt.

9. *Trapex**

Auch dieser Wirkstoff ist eine feste kristalline Substanz mit der chemischen Bezeichnung Methylisothiocyanat und der Strukturformel $CH_3 - N = C = S$. Die stark nach Meerrettich riechende und die Schleimhäute reizende Verbindung wird in einem organischen Lösungsmittel gelöst und zu einem 20%igen Präparat formuliert. Die akute orale Toxizität ergibt für die LD 50 bei Ratten den Wert von 97 mg/kg. Für die Haut und die Atemwege scheint es verträglich zu sein. Gefährliche Konzentrationen sind durch ihre Reizwirkungen unerträglich. Sehr zu beachten ist die Eigenschaft, daß Trapex in seiner Wirkung weder von Art und Temperatur noch vom Feuchtigkeitsgrad des Bodens abhängig ist. Die Wartezeit zwischen Einbringung in die Erde und der Bestellung beträgt bei einer Bodentemperatur von 0 bis +6 °C sechs bis acht Wochen und bei +6 bis +18 °C drei bis vier Wochen. Als beste Applikationsmethode erwies sich das Austräufeln in die Furche hinter dem Pflug oder während des Umgrabens.

Zur Bekämpfung von Wurzelgallenälchen und freilebenden Nematoden sind 125 ccm/m² notwendig. Auch gegen Kartoffelnematodenzysten sind schon gute Erfolge erzielt worden.

Als Insektizid, Herbizid und Fungizid ist Trapex ebenfalls wirksam.

VI. Rodentizide

Die zur Bekämpfung der Nagetiere dienenden Rodentizide spielen im Vorratsschutz eine vorrangige Rolle. Der Pflanzenschutz bedient sich dieser chemischen Abwehrmittel zur Bekämpfung der zur Unterfamilie der Wühlmäuse (Microtinae) gehörenden wichtigsten Schädlingsarten: Feldmaus (*Microtus arvalis*), Erdmaus (*Microtus agrestis*) und große Wühlmaus (*Arvicola terrestris*). Auch auf dem Gebiet der chemischen Abwehrstoffe gegen Nagetiere sind beachtenswerte Fortschritte sowohl auf dem Sektor des Vorratsschutzes als auch auf dem Sektor des Pflanzenschutzes erzielt worden. Im ersteren Falle haben speziell in der Rattenbekämpfung die minder toxischen Cumarinderivate, deren Wirkungsmechanismus auf der Verhinderung der Bildung des zur Blutgerinnung notwendigen Prothrombins beruht, zu bewundernswerten Bekämpfungserfolgen geführt, so daß die Anwendung der bisherigen Rattenbekämpfungsmittel sehr in den Hintergrund getreten ist. Im Rahmen des Pflanzenschutzes stellt die Flächenbehandlung gegen die Feldmaus in der Landwirtschaft und gegen die Erdmaus im Forst mit Hilfe der Insektizide Toxaphen und Endrin besonders im Hinblick auf den Arbeitskräftemangel einen bedeutenden Fortschritt dar. Bei der chemischen Bekämpfungsmethode der Feldmauskalamität, die im Feldbau den landwirtschaftlichen Kulturen großen Schaden zufügen kann, kommen folgende Wirkstoffe zum Einsatz:

1. *Zinkphosphid* (Zn_3P_2)

Die akute orale Toxizität beträgt bei Ratten 46,7 mg/kg. Keimunfähiges Getreide wird unter Zuhilfenahme von Zukker oder Leimwasser als Klebe- und Bindemittel mit dem Wirkstoff inkrustiert. Derartiges Giftgetreide, das auch angefärbt ist, kommt in Form von Fertigpräparaten in den Handel. Vor dem Einsatz des Giftgetreides empfiehlt es sich, die auf dem Feld vorhandenen Mauselöcher durch Überfahren mit einer Schleppe oder Walze zu schließen. Nach einigen Tagen werden nur die wieder freigelegten Löcher mit Giftkörnern, tief eingeführt, belegt (sogenannte Legeflinten erleichtern hierbei die Arbeit). Da die Phosphide sich im Körper der Maus schnell zersetzen, sind Zweitvergiftungen durch den Verzehr der vergifteten Tiere nur selten beobachtet worden. Es sei darauf hingewiesen, daß das Zinkphosphid-Getreide für Haustiere und besonders Hausgeflügel sehr giftig ist. An Stelle des Zinkphosphids zur Begiftung der als Köder dienenden Getreide wird auch ein Pyrimidinderivat gewählt. Es soll im Hinblick auf

Zweitvergiftungen günstiger und z. B. für Federwild ungefährlich sein. Chemisch ist dieser Wirkstoff ein 2-Chlor-4-methyl-6-dimethylaminopyrimidin mit der Strukturformel:

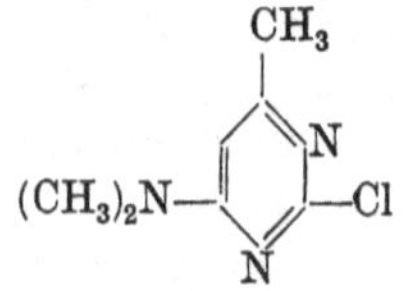

Früher wurde zur Begiftung des Getreides auch Strychnin genommen.

Für die Feld-und Wühlmausbekämpfung sind folgende Zn_3P_2-Basis-Präparate im Handel: Delicia-Giftgetreide, Delicia-Wühlmauspräparat, Chemische Fabrik Delicia, Delitzsch, Hydra-Giftgetreide, Chemische Fabrik Hydra, Wittenberge, Rodax-Wühlmausgift in Wurzelform, Paul Rodax, Radebeul bei Dresden.

2. *Räucherpatronen*

Mit Hilfe eines Räucherapparates werden die durch Abbrand eines Schwefelsatzes (z. B.bestehend aus Sägemehl, säurefreiem Schwefel, Kaliumnitrat als Sauerstofflieferant, Holzkohle u. a. als Beistoffe geringeren Anteiles) sich bildenden giftigen Gase (SO_2, H_2S, CO und CO_2) in die Erdbaue der Feld- und Wühlmäuse geleitet. Die Feuer- und Explosionsgefahr ist bei diesen Räucherpatronen zu beachten.

Der Handel führt folgende Gaspatronen: Erica-Gaspatrone, Fraley-Record-Stabpatrone 1892, Gaspatrone Fraley-Gigant, Franz Leying, Leipzig, Gefa-Gaspatrone, Paul Werner, Gera, Panol-Gaspatrone und Panol-Gigant-Gaspatrone, Panol Hans Tetzner, Schkeuditz.

Es gibt auch Räucherpatronen, die ohne besondere Apparatur zur Anwendung kommen. Durch thermische Zersetzung wird aus Calciumphosphid der giftige Phosphorwasserstoff entwickelt.

Bei der Bekämpfung der großen Wühlmaus zeigen weder die Ködermittel, unabhängig davon, welches Rodentizid sie enthalten, noch die Begasungsmittel eine allen Standorten gerechte, gleichbleibend erfolgreiche und zuverlässige Wirkung. Die Bodenverhältnisse, die unterirdische Verhaltensweise der Wühlmaus und andere Faktoren machen heute noch eine zuverlässige Bekämpfung der Wühlmaus zu einem ungelösten Problem. Es werden immer nur Teilerfolge erzielt, die besonderen, günstigen Situationen zuzuschreiben sind. So sind u. a. mit den Auspuffgasen von Benzinmotoren der PKW, die mit ihrem giftigen Bestandteil, dem Kohlenoxyd, in die Gänge der Wühlmäuse geleitet werden, gewisse Erfolge erzielt worden. Neigt an gewissen Plätzen die Wühlmaus zu einem oberirdischen Fraß, so wirken auch die mit Endrin behandelten Flächen vernichtend, wobei im Vergleich mit der Feldmaus die doppelte Aufwandmenge gewählt werden muß.

Es seien nun abschließend noch die als Rodentizid wirksamen Insektizide in der Nagetierbekämpfung des Pflanzenschutzes erwähnt:

3. Toxaphen und Endrin**

Die beiden Insektizide, die gleichzeitig eine rodentizide Wirkung aufweisen, ermöglichen bei der Feld- und Erdmausbekämpfung (letztere im Forst) ein Flächenbegiftungsverfahren als neue Anwendungsform, wobei in erheblichem Maße Arbeitskräfte eingespart werden. Dabei ist die Aufwandmenge im Vergleich zur insektiziden Anwendung bei den Stäubemitteln um ca. das Dreifache und bei emulgierbarem Spritzkonzentrat um ca. das Zweifache höher. In einem größeren Feldversuch wurde Melipax-Aero-Sprühmittel (Toxaphen) mit einem Sprühgerät in der Aufwandmenge von 15 bis18 l/ha ausgebracht. Dieser Versuch führte ebenfalls zu einem guten Bekämpfungserfolg. Wegen der höheren Giftigkeit des Endrins genießt der Einsatz des Toxaphens einen gewissen Vorzug. Über die Eigenschaften der beiden Wirkstoffe siehe Seite 69 und 80. Die erforderliche Karenzzeit beträgt 6 Wochen.

Im Handel befinden sich auf Basis Toxaphen folgende, anerkannte Präparate: Delicia-Fribal-Emulsion, Delicia-Fribal-Staub, Chemische Fabrik Delicia, Delitzsch, Melipax-Spritzmittel und Melipax-Stäubemittel; die beiden letzteren Präparate vom VEB Fahlberg-List, Magdeburg.

Der Vollständigkeit halber werden mit kurzen Angaben die dem Vorratsschutz[1] dienenden Rodentizide kurz aufgeführt:

4. *Thalliumsulfat* (Tl_2SO_4)

Es wird angewandt in Pastenform besonders gegen Hausratten: orale akute LD 50 25 bis 31 mg/kg Ratte. Wegen seiner hohen Giftigkeit verliert es an Bedeutung.

5. *Promurit* (3,4-Dichlorbenzol-diazothiocarbamid)

Es ist ebenfalls sehr giftig, aber im Köder tritt bald eine Entgiftung ein. Wirksam gegen Haus- und Wanderratten. Strukturformel:

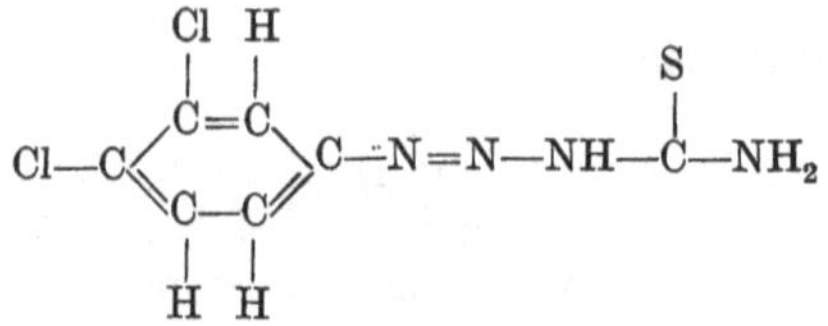

6. *ANTU** (Alpha-Naphthylthioharnstoff),

Strukturformel:

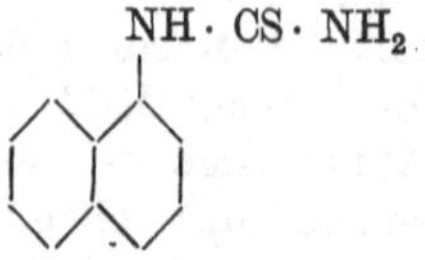

[1] Der Vorratsschutz erfährt in den WTB eine gesonderte Behandlung.

7. *Meerzwiebel* (Scillirosid)

Ist reines Alkaloid. Wenig gefährlich für Mensch und Haustier, wirkt nur gegen Ratten.

8. *Indandion-Derivat* (2-Pivalyl-1,3-indandion), *Pindone**

Wird auch Pival genannt und hat folgende Strukturformel:

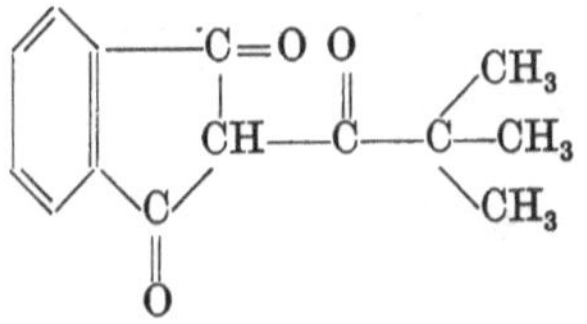

Antikoagulierende Wirkung. Mit Warfarin kombiniert wird eine Wirkungssteigerung erzielt.

9. *Cumarin-Derivate (Antikoagulierende Wirkung)*

a) **Dicumarin** (3,3*-Methylen-bis-4-oxymarin)

b) **Warfarin*** (3-(alpha-phenyl-beta-acetyl-äthyl)-4-oxycumarin) mit der Strukturformel:

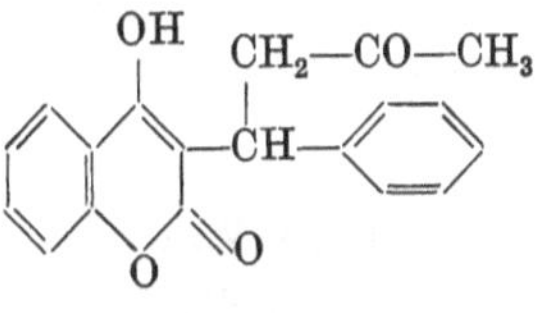

c) **Cumachlor*** (3-(alpha-para-Chlorphenyl-beta-acetyläthyl) 4-oxycumarin) mit der Strukturformel:

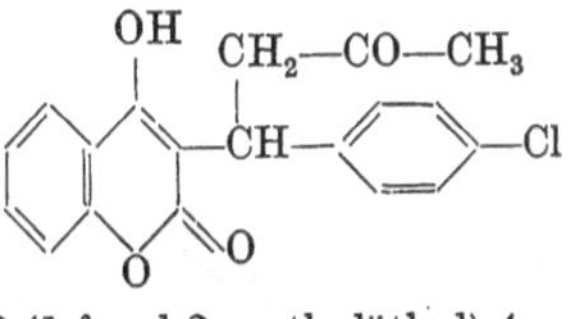

d) **Fumarin** (3-(1-furyl-2-acethyläthyl)-4-oxycumarin) Cumafuryl* wirkt besonders gegen Wanderratten. Die Cumarin-Derivate kommen als Köder, Streupulver oder Tränkgift zur Anwendung. Die Wirkstoffe verursachen die Zerstörung der Blutgefäßwandungen, speziell der Kapillargefäße, und gleichzeitig verhindern sie die Bildung des für die Blutgerinnung notwendigen Prothrombins, so daß es zu inneren Verblutungen kommt. Die Wirkung kommt nur durch eine hintereinander folgende Aufnahme kleinster Mengen zustande. Die Wirkungserscheinungen bleiben den Ratten unbemerkt, was zur Ausschaltung des Warnsystems führt. Bei vorschriftsmäßiger Anwendung werden Haustiere praktisch nicht gefährdet. Die vorzügliche Wirkung dieser Mittel hat es vermocht, Rattenherde völlig zu beseitigen.

VII. Molluskizide

Molluskizide sind Mittel gegen Schnecken, die in besonders feuchten Jahren in der Landwirtschaft und im Gartenbau beträchtliche Ertragsdepressionen verursachen können. Von den Kulturpflanzen werden hauptsächlich Kopfsalat, Gurken, Kürbis, grüne Bohnen, Radieschen und Erdbeeren durch Schneckenfraß befallen, und auf dem Acker kann auch das Wintergetreide oder im Frühjahr die Sommersaat geschädigt werden. Vorwiegend sind es Nacktschnecken (z. B. Ackerschnecke *Limax agrestis*, zur Familie der Limacidae, und die Wegschnecke *Arion empiricorum*, zur Familie der Arionidae gehörig), die den Schaden verursachen. Diese feuchtigkeitsliebenden Tiere, die selbst durch einen hohen Wassergehalt (Ackerschnecke 80%) ausgezeichnet sind, bevorzugen die kühlen und feuchten Morgen- und Abendstunden zur Nahrungsaufnahme.

1. Ätzende Düngungsmittel

Da für das Leben der Schnecken der Wasserhaushalt eine große Rolle spielt, können durch wasserentziehende Mittel gute Bekämpfungseffekte erzielt werden. Es sind in erster Linie ätzende Düngemittel, die von der Praxis eingesetzt werden. Als besonders geeignet haben sich erwiesen: frischgemahlener Branntkalk, CaO (3—4 dz/ha), Staubkainit, $KCl \cdot MgSO_4 \cdot 3H_2O$ (5—6 dz/ha), ungeölter Kalkstickstoff, $CaCN_2$ (1—1,5 dz/ha) oder eine Mischung von 1 Teil Kalkstickstoff und 4—6 Teilen Kainit (3 bis 4 dz/ha). Wegen der bereits obenerwähnten Lebensweise der Schnecken hat der Einsatz der Mittel morgens oder abends zu erfolgen, wobei eine Wirkung nur erzielt wird, wenn die Schnecken ausreichend mit dem ätzenden Stoff in Berührung kommen. Da die Schnecken durch Schleimabsonderung in der Lage sind, sich nach der ersten Behandlung dem ätzenden Einfluß des Mittels zu entziehen, muß nach ca. ½ Stunde das Ausstreuen wiederholt werden.

Der Versuch, Insektizide zur Bekämpfung von Schnekken einzusetzen, hat zu keinen nennenswerten Erfolgen geführt. Es enthalten daher alle im Handel befindlichen Mittel Metaldehyd als Wirkstoff.

2. *Metaldehyd*

Dieser molluskizide Wirkstoff ist ein polymerisierter Acetaldehyd $(CH_3CHO)_4$. Die akute Toxizität, d. h. die orale minimale Dosis beträgt gegenüber Säugetieren 200 bis 600 mg/kg, so daß also für den Menschen Metaldehyd gefährlich ist. Der kristalline, in Wasser schwer lösliche Wirkstoff ist in reinem Zustand geruch- und geschmacklos und ohne anlockende Wirkung. Gegenüber Schnecken ist Metaldehyd ein Fraß- und Kontaktgift. Er kommt vorwiegend in Form eines Kleieköders (Wirkstoffanteil 6%) zur Anwendung. Der Kleieanteil wirkt als Köder und durch eiweißhaltige Zusätze kann die Anlockwirkung gesteigert werden. Die Entfernung der auszulegenden Köderhäufchen hängt von der Schneckenart und den umgebenden Nährpflanzen ab. Eine Zubereitung in Kornform erhöht speziell bei Regenwetter die Wirkungsdauer.

Auch als Streu-, Stäube- und Spritzmittel ist Metaldehyd eingesetzt worden. Im letzteren Falle wird eine Karenzzeit von 21 Tagen gefordert.

Auf Basis Metaldehyd sind in der DDR drei Präparate im Handel: Delicia-Schneckenpräparat, Chemische Fabrik Delicia, Delitzsch, Rodax-Schneckentöter, Paul Rodax, Radebeul, Rufach-Schneckenbekämpfungsmittel, Rufach, Leipzig.

VIII. Mittel gegen Schadvögel und Wildschaden

Es sind vor allen Dingen Krähen und Sperlinge, deren Vernichtungswerk an den Kulturen durch chemische Mittel verhindert werden soll.

1. Anthrachinon

Zum Schutze des bestellten Getreides einschließlich des Maises und der Erbsen wird die Saat mit Präparaten behandelt, die als Vergällungsmittel Anthrachinon enthalten. Die Struktur lautet:

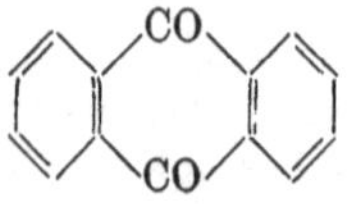

Der VEB Farbenfabrik Wolfen gibt als Saatschutzmittel gegen Krähen, Dohlen und Sperlinge das Präparat Cornex in den Handel.

2. Strychnin

Dieser Stoff ist eine krampferregende Pflanzenbase (Alkaloid), die besonders reichlich in der Brechnuß (*Nux vomica*) vorkommt. Hellgrün angefärbter und mit Strychnin vergifteter Weizen wird zur Vernichtung von Sperlingen eingesetzt. Zunächst wird auf den von den Sperlingen bevorzugten Futterplätzen grüner, unvergifteter Weizen als Köder ausgelegt, an den sich die Sperlinge gewöhnen. Nach ca. 4 Tagen wird der vergiftete Weizen ausgestreut, wobei Hunde, Hausgeflügel und Katzen zurückgehalten werden müssen. Nach MANSFELD (1958) sind durch diese Methode nach $1^1/_4$ Tagen 75—95% der Sperlingspopulation eines Dorfes vernichtet worden. Der Schaden an Singvögeln ist dabei sehr gering. Für eine derartige Bekämpfungsaktion sind nach gründlicher Planung nur geschulte Kräfte einzusetzen.

Bercema-Sperlingsweizen (strychninhaltig) vom VEB Berlin-Chemie ist konzessionspflichtig im Handel.

Zur Vermeidung von Wildschäden an Forst- und Obstgehölzen kommen sogenannte Wildverbißmittel, die zum Anstrich dienen und denen Teerprodukte, Tier- und Pflanzenölstoffe zugrunde liegen, zur Anwendung.

Zur Abwehr des Wildes sind in der DDR folgende Mittel im Handel: Wildverbißmittel Forstol, säurefrei, VEB Dico-Werk, Dresden, Wildan (Schälschutzmittel), Rufach KG., Leipzig, und Fekama-Wildverbißmittel, VEB Fettchemie, Karl-Marx-Stadt.

Von Zeit zu Zeit müssen die Wildverbißmittel gewechselt werden, um eine Gewöhnung des Wildes an bestimmte Gerüche zu verhindern.

IX. Herbizide

In jedem Jahr fügen die Unkräuter den Kulturpflanzen Schäden zu, die sich durch Ertragsdepressionen bemerkbar machen. Nach ROEMER (zit. KURTH 1960) beläuft sich der Schaden, der durch die Verunkrautung im Ackerbau der deutschen Landwirtschaft verursacht wird, auf ca. 6 Millionen DM, da z. B. beim Getreide die Ertragseinbußen 2—4 dz/ha betragen.

Durch intensive Anbaumaßnahmen verwandelt der Mensch die ursprüngliche Naturlandschaft, z. B. in eine Kultursteppe, die für viele Unkräuter günstige und für ihre Vermehrung und Verbreitung fördernde Standortbedingungen schafft. In der auf der Kulturfläche sich bildenden Pflanzengesellschaft zwischen Unkräutern und Kulturpflanzen wird den letzteren die Alleinherrschaft genommen und der Standort eingeengt. Da die oft an Lebenskraft überlegenen Unkrautpflanzen einen überwiegenden Teil des Wassers, der Nährstoffe und des Lichtes für sich in Anspruch nehmen, müssen zwangsläufig beträchtliche, wirtschaftliche Schäden auftreten. Diese Tatsache zwingt die Landwirtschaft, durch entsprechende Abwehrmaßnahmen der Unkrautplage Herr zu werden. Im Kampf gegen die Unkräuter haben, wie auch auf den anderen Gebieten des Pflanzenschutzes, die chemischen Mittel in den letzten Jahren immer mehr an Bedeutung zugenommen. Das chemische Bekämpfungsverfahren kann bis zu einem gewissen Grade die nur mit vielen Arbeitskräften auszuführenden mechanischen Pflege- und Kulturmaßnahmen ersetzen. Wir wissen sehr genau, was das bei dem heute speziell auf dem Lande herrschenden Arbeitskräftemangel bedeutet. Es darf aber auf keinen Fall die Situation eintreten, daß die für die Unkrautbekämpfung unbedingt notwendigen mechanischen Pflegemaßnahmen zugunsten der chemischen Bekämpfungsmethode unterbleiben. Zur Erzielung und Sicherung höchstmöglicher Erträge ist für die hierzu erforderliche Unkrautbekämpfung die chemische Methode mit Herbiziden ein wesentlicher und wertvoller Faktor, aber sie darf nie die alleinige Maßnahme sein.

Die chemischen Unkrautbekämpfungsmittel, die Herbizide, lassen sich nach ihrer Wirkungsbreite in zwei Gruppen unterteilen, in die Totalherbizide, die uneingeschränkt jedes Pflanzenwachstum zerstören, und in die Selektivherbizide, die die Kulturpflanzen schonen und die wachsenden Unkräuter vernichten. Für die Landwirtschaft haben die letzteren eine besondere Bedeutung. Erhöht man die Anwendungskonzentration der Selektivherbizide, so können sie zu Totalherbiziden werden, wie umgekehrt durch Herabsetzung der Anwendungskonzentration Totalherbizide zu Selektivherbiziden werden können. Eine scharfe Trennung läßt sich zwischen den beiden Typen von Herbiziden nicht ziehen.

1. Totalherbizide

a) Chlorate. Vorwiegend findet das Natriumsalz der Chlorsäure $NaClO_3$ als Totalherbizid Anwendung. Dieses in Wasser leichtlösliche Salz verteilt sich sehr schnell im Boden. Um die Feuergefährlichkeit herabzusetzen, werden dem Wirkstoff Füllstoffe in Form hygroskopischer Salze beigegeben, wie $CaCl_2$, $MgCl_2$, Na_2CO_3 und NaCl. Die Chlorate verlangen in ihrem Umgang wegen ihrer stark oxydierenden Wirkung als Sauerstoffträger bei Anwesenheit brennbarer Substanzen eine besondere Vorsicht. Findet der Einsatz z. B. bei trockenem, heißem Sommerwetter statt, so können sich abgestorbene Pflanzenteile entzünden. In relativ größeren Mengen sind die Chlorate für Warmblütler giftig, und Präparate auf Chloratbasis sind daher der Giftabteilung III zugeordnet.

Über den Wirkungsmechanismus der Chlorate bestehen verschiedene Theorien, so wird u. a. angenommen, daß der sich abspaltende naszierende Sauerstoff das pflanzliche Gewebe zerstört.

Zur Zerstörung des gesamten Pflanzenwuchses z. B. auf Wegen, Plätzen und Eisenbahndämmen bedient man sich des Natriumchlorats. Früher wandte man in der Landwirtschaft diesen Wirkstoff an, um den Acker von schwer bekämpfbaren Rhizom- und Wurzelunkräutern, wie Quecke, Distel, Ackerwinde, Huflattich, Wegerich u. a. frei zu machen. Damit der Nachbau nicht geschädigt wird, ist eine Wartezeit von ca. 6—8 Monaten erforderlich. Die heute für diesen Zweck angewandten Wuchsstoffmittel verkürzen die Wartezeit wesentlich. Im Forst wird das Kaliumchlorat zur Vernichtung von ausdauernden Unkräutern (Süß- und Sauergräser, Farne, Heidekraut) eingesetzt. Besondere Bedeutung erlangt dieses

Herbizid bei der Aufforstung von Kahlschlägen, wobei aber ebenfalls die Wartezeit von 6—8 Monaten zu berücksichtigen ist. Grenzt an die mit Chloraten zu behandelnde Fläche ein mit Pflanzen bestandener Acker, so ist dazwischen ein 1 m breiter, unbehandelter Streifen zu belassen, damit die Wurzelzone der Kulturpflanzen nicht erreicht wird.

Wegerein, Agrosan ($NaClO_3$) und Anforstan ($KClO_3$) vom VEB EKB Bitterfeld sind die im Handel befindlichen Chlorat-Präparate.

b) Arsenate und Arsenite. Diese beiden Wirkstoffe sind sehr giftige Salze der Arsensäure H_3AsO_4 und deren Anhydrid As_2O_5 (Arsenpentaoxyd) bzw. der arsenigen Säure und deren Anhydrid As_2O_3 (Arsenik). Es handelt sich um Verbindungen, die durch eine sehr hohe Stabilität ausgezeichnet sind. Lange Zeit verbleiben also giftige Rückstände im Boden, so daß bei ihrer Anwendung größte Vorsicht geboten ist. Auf Grund dieser Tatsache wird ihr Einsatz auch meistens als Totalherbizid abgelehnt, denn sie sind nicht nur für Mensch und Haustier sehr giftig, sondern auch für die Bienen.

c) Trichloracetate (TCA-Mittel) sind Salze der Trichloressigsäure CCl_3COOH, z. B. das Natriumsalz (CCl_3COONa) und das Ammoniumsalz (CCl_3COONH_4). Die akute Warmblütlertoxizität des Natriumsalzes ist per os mit einer LD 50 von 5000 mg/kg Ratte bestimmt. Das weiße Salz ist in Wasser leicht löslich und wird von den Wurzeln aufgenommen. Im Boden zersetzt sich die Verbindung bald, so daß die Wartezeit im Gegensatz zu den vorgenannten Verbindungen wesentlich verkürzt ist (6—8 Wochen). Der Wirkungsmechanismus soll auf einer Zerstörung von Fermentsystemen beruhen. TCA wirkt schnell und intensiv, aber nicht so anhaltend. Eine besondere Beachtung verdient das Mittel wegen seiner Wirkung speziell gegen ein- und mehrjährige Gräser, insbesondere gegen die widerstandsfähige Quecke. Mit 5—10 kg/ha soll es im Vorauflaufverfahren z. B. bei Rüben gelingen, die Quecke erfolgreich zu bekämpfen. Mit Erfolg ist TCA natürlich nur im Vorsaat- und Vorauflaufverfahren in anderen landwirtschaftlichen und gärtnerischen Kulturen, wie Erbsen (hierbei werden die Erbsen empfindlich gegen spätere Behandlungen mit DNC, DNBP oder MCPA-Mitteln), Spargel, in Baumschulen, bei Kern- und Steinobst, Gladiolen, Ziergehölzen, zur Bekämpfung von Unkrautgräsern (z. B. Flughafer) eingesetzt worden. Die Aufwandmengen betragen durchschnittlich 30 bis 50 kg/ha. Im Forst wird TCA speziell auf Wiederaufforstungsflächen angewandt.

Wegen der sehr geringen Fischgiftigkeit (Schwellenwert der Toxizität bei 10000 mg/l) ist das Mittel mit einer Aufwandmenge von 300 kg/ha sehr gut einsatzfähig zur Beseitigung der Verunkrautung in Entwässerungsgräben. Die Wirkung richtet sich vor allem gegen Rohr, Schilf, Seggen, Rohrglanzgras und andere Hartgräser, ebenso gegen den Teichschachtelhalm. Etwa 90% der Arbeitskräfte und 70–80% der Unkosten lassen sich durch chemische Unkrautbekämpfung auf diesem Gebiet einsparen. Mischungen von TCA mit 2,4-D oder mit Aminotriazol werden mit gutem Erfolg als Totalherbizide eingesetzt.

Im Pflanzenschutzmittelverzeichnis der DDR ist als TCA-Präparat „Herbizid 3 Ef“ vom VEB EKB Bitterfeld aufgeführt.

d) Aminotriazol, Amitrol* (ATA) entspringt amerikanischer Entwicklungsarbeit und besitzt folgende Struktur:

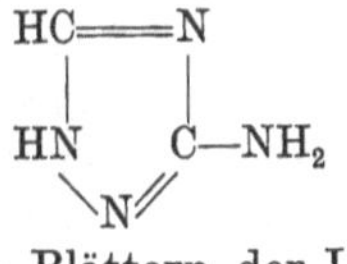

ATA kann von den Blättern der Unkräuter aufgenommen werden und wird in der Pflanze wie das TCA transportiert. Durch Zerstörung des Chlorophylls wird die Pflanze vernichtet. Ebenso wie das TCA wird das ATA zur Beseitigung besonders widerstandsfähiger Unkräuter (Quecke, Ackerdistel und *Cyperus*-Arten) eingesetzt. Über die Stabilität im Boden bestehen in der Literatur zwei sich widersprechende Ansichten. Einmal wird das Mittel als leicht zersetzlich angesehen (HOLZ und LANGE 1957), und in einem anderen Falle wird die hohe Stabilität betont (Kurth 1960). Gegenüber verschiedenen Obstgehölzen, Koniferen, Spargel und Zuckerrohr soll eine gewisse Toleranz bestehen. Zur Wirkungssteigerung ist ATA mit TCA und 2,4-D kombiniert worden.

Im Handel befindet sich Azaplant (VEB Farbenfabrik Wolfen).

e) **Dalapon*** ist chemisch das Natriumsalz der Dichlorpropionsäure mit der Formel $CH_3CCl_2 \cdot COONa$. Für die akute Warmblütlertoxizität liegt der LD 50-Wert per os zwischen 6590 und 8120 mg/kg Ratte. Da es praktisch für Fische ungiftig ist (10000 mg/l), kann es mit den empfohlenen Aufwandmengen ohne Gefahr zur Unkrautbekämpfung in der Wasserwirtschaft eingesetzt werden. In der Wirkung ist Dalapon mit TCA sehr gut vergleichbar und wirkt wie dieses bevorzugt gegen Gräser. Dalapon wird mehr von den Blättern und im Gegensatz zu TCA nur in geringem Maße von den Wurzeln aufgenommen. Der Wirkungsmechanismus soll auf der Störung von Stoffwechselprozessen beruhen. Die Stabilität ist relativ gering, so daß die Wirkungsdauer bei den üblichen Aufwandmengen sich über 4—5 Wochen erstreckt und bei höheren Aufwandmengen sich auf 2 Monate ausdehnt.

Wie schon erwähnt, wird Dalapon bei einer Aufwandmenge von 40—60 kg/ha zur Entkrautung von Be- und Entwässerungsgräben und sonstigen stehenden und fließenden Gewässern angewandt. Hierbei richtet sich die Wirkung vorwiegend gegen monokotyle Pflanzen (Seggen, Schwaden, Schilf). Auch mit ausdauernden Rhizomen wachsende Unkräuter, wie der Wasserknöterich, sollen bekämpfbar sein.

Mit den eben genannten Aufwandmengen kommt Dalapon im Forst z. B. zur Bekämpfung des Adlerfarns zur Anwendung.

Da der Wirkstoff gegen manche Kulturpflanzen, wie Rüben, Zichorie und Luzerne, eine beachtenswerte Toleranz zeigt, kann er auch als selektiv wirkendes Mittel eingesetzt werden. Zur Beseitigung von Gräsern und anderen Unkräutern im Luzernebestand sollen mit Aufwandmengen von 7,5—15 kg/ha Erfolge erzielt worden sein.

In Zuckerrübenkulturen (4–6 Blattpaarstadium) sollen 2 bis 4 kg/ha Dalapon zur Unkrautbekämpfung verträglich sein. Versuche haben gezeigt, daß auch der Queckenwuchs unter Obstbäumen beseitigt werden kann. Auf Grund seiner vielseitigen Anwendungsmöglichkeiten verdient das Dalapon besondere Beachtung.

Der VEB Leuna-Werke „Walter Ulbricht" hat auf Basis Dalapon das Präparat „Omnidel spezial" herausgebracht.

f) **α, α, ß-Trichlorpropionsäure (TCP oder TPA)** $CH_2 \cdot Cl \cdot CCl_2 \cdot COOH$. In den Handel ist das ebenfalls wie Dalapon in den USA entwickelte Herbizid als Natriumsalz gekommen. Es kann auch als selektives Mittel eingesetzt werden. Nur in feuchten Böden ist Dalapon wirksamer als TCP, aber es wird ihm eine größere Selektivität zugeschrieben, so daß die Möglichkeit besteht, Ungräser in Futtergrasbeständen zu beseitigen. Aufwandmengen von 10–20 kg/ha TCP erzielten bei der Bekämpfung monokotyler und dikotyler Unkräuter im Vorauflaufverfahren ein besseres Ergebnis als Dalapon. Als Vorauflaufherbizid sind mit TCP im Zucker- und Futterrübenbau erfolgreiche Versuche unternommen worden.

Omnidel ist ein TCP-Mittel der VEB Leuna-Werke „Walter Ulbricht".

g) **Monuron* (CMU),** ein ebenfalls in den USA entwickelter herbizider Wirkstoff, ist chemisch ein N.N-Dimethyl-N'-(4-chlorphenyl)-harnstoff mit folgender Struktur:

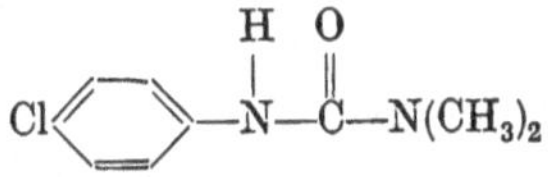

Die Warmblütlertoxizität ist sehr gering, die akute orale LD 50 beträgt bei Ratten 3500 mg/kg.

CMU ist eine weiße, geruchlose, kristalline Substanz und nur in geringem Maße in organischen Lösungsmitteln bzw. in Wasser löslich. Wegen der geringen Wasserlöslichkeit bleibt das Mittel in den obersten Bodenschichten, und infolge seiner hohen Stabilität erstreckt sich die Wirkungsdauer auf 1–2 Jahre. Beim Nachbau von Kulturpflanzen ist daher größte Vorsicht geboten. Die Höhe der Rückstandsmengen im Boden hängt von der Aufwandmenge, Bodenart und Niederschlagsmenge ab. Das Mittel wird von den Wurzeln aufgenommen; in bezug auf den Wirkungsmechanismus vermutet man, daß der Eiweißstoffwechsel gestört wird. CMU ist ein intensiv wirkendes Totalherbizid, das alles pflanzliche Leben vernichtet. Auffallenderweise ist Spargel gegen CMU sehr widerstandsfähig. Bevor der Spargel durchbricht, wirken 2—4 kg/ha als selektives Herbizid. Als Totalherbizid sind Aufwandmengen von 15—30 kg/ha erforderlich.

Der Vollständigkeit halber seien noch drei weitere Totalherbizide genannt.

h) Diuron* (DDU) (DCMU) ist chemisch ein N.N-Dimethyl-N'-(3,4-dichlor-phenyl)-harnstoff mit der Strukturformel:

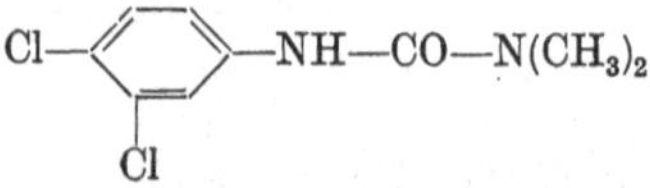

i) Fenuron* (PDU) ist chemisch ein N.N-Dimethyl-N'-phenylharnstoff mit der Strukturformel:

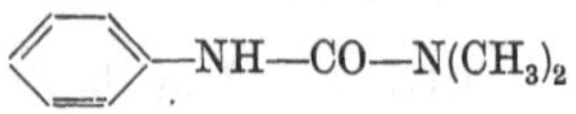

j) Dichloralharnstoff (DCU) hat die Formel:
$(CCl_3 \cdot CH(OH) \cdot NH \cdot CO \cdot NH \cdot CH(OH) \cdot CCl_3)$.

Alle drei Herbizide sind in den USA entwickelt worden. In geringerer Konzentration kann das erstere als selektives Unkrautmittel dienen. DCU wird bevorzugt auch als Vorauflaufherbizid in Rüben und Kartoffeln zur Vernichtung von Unkräutern eingesetzt.

2. *Selektive Herbizide*

Es ist schon darauf hingewiesen worden, daß die Aufwandmenge die selektive Wirkung bestimmt und daß viele Totalherbizide bei entsprechender Aufwandmenge eine Selektivität besitzen. Neben der Aufwandmenge sind andere Faktoren für den selektiven Effekt maßgebend, wie Anwendungszeit, Witterungsverhältnisse und Entwicklungszustände von Unkräutern und Kulturpflanzen.

Nach dem Wirkungsmechanismus werden bei den Selektivherbiziden zwei Gruppen unterschieden: erstens ätzende Herbizide (d. h. der Kontakt des Wirkstoffes mit der Pflanze führt zu Verätzungen) und zweitens Wuchsstoffherbizide, die als translokal wirkende Mittel in den Wachstumsprozeß der Unkräuter eingreifen. Die Möglichkeit einer selektiven Wirkungsweise der Herbizide ist dadurch gegeben, daß das Unkraut und die Kulturpflanzen sich sowohl morphologisch wie physiologisch oft wesentlich unterscheiden. Es muß einleuchten, daß ein waagerecht gestelltes und mit breiter Blattspreite versehenes Blatt eines Unkrautes sich in bezug auf die Haftfähigkeit einer herbiziden Spritzbrühe anders verhält als ein beinahe senkrecht stehendes, schmales und mit einer Wachsschicht versehenes Blatt einer jungen Getreidepflanze. Die ätzende Wirkung oder die Aufnahme eines Herbizids müssen sich dadurch zwangsläufig wesentlich unterscheiden. Ebenso kann auch die physiologische Reaktionsweise bei einer bestimmten Anwendungskonzentration eines Wuchsstoffherbizids unterschiedlich sein, da z. B. die junge Getreidepflanze im Wuchs gefördert wird oder sich neutral verhält, während die Unkrautpflanze stark gehemmt wird.

Die Bedeutung, die gerade den Selektivherbiziden in der chemischen Unkrautbekämpfung der Landwirtschaft zukommt, erklärt es, daß trotz der auf diesem Gebiet schon vorhandenen umfangreichen Palette von Mitteln in den Laboratorien der chemischen Pflanzenschutzmittelindustrie an der Entwicklung neuer Unkrautbekämpfungsmittel intensiv gearbeitet wird.

a) Düngemittel (Kainit und Kalkstickstoff). Schon um 1900 sind die genannten Düngemittel als Streumittel in fester Form und als ätzende Unkrautmittel im Getreidebau angewandt worden. Der als Mineral bergmännisch geförderte Kainit ist chemisch ein Gemenge von Kaliumchlorid und Magnesiumsulfat ($KCl \cdot MgSO_4$) mit einem gewissen Anteil an Natriumchlorid, während Kalkstickstoff ein synthetisch aus Koks, Kalk und Stickstoff gewonnenes Calciumcyanamid ($CaCN_2$) ist. Die Wirkung des Kainits beruht auf einem Wasserentzug der Blätter, da es sich um in Wasser leicht lösliche Salze handelt. Auf den jungen, mit einer Wachsschicht versehenen und vertikal aufgerichteten Blättern haftet das Mittel nicht. Auf Grund der Wirkungsweise ist ein guter Bekämpfungserfolg nur gewährleistet, wenn nach der Behandlung trockene Witterung folgt. Zur Erhöhung der Haftfähigkeit jedoch empfiehlt sich die Ausbringung des Düngers auf feuchte bzw. betaute Pflanzen. Bei der Anwendung in der Wintersaat im Frühjahr wird neben anderen vielen Unkräutern auch die häufig auftretende Vogelmiere vernichtet.

Beim Kalkstickstoff beruht die Wirkung auf der bei Anwesenheit von Wasser verursachten Bildung des als Pflanzengift bekannten Cyanamids. Haben der Weizen und die Gerste nach der Aussaat das zweite bis vierte Blatt und der Roggen das vierte bis sechste Blatt gebildet, so sind die Getreidearten im Herbst gegenüber Kalkstickstoff widerstandsfähig, während die keimenden Unkräuter absterben. Auch im zeitigen Frühjahr kann der Dünger noch zur Unkrautbekämpfung angewandt werden.

Die beiden Düngemittel können kombiniert zur Anwendung gelangen. Dadurch wird die Aufwandmenge des Kalkstickstoffes und des Kainits, Hederichkainit genannt, je Flächeneinheit reduziert. Einerseits wird eine Überdüngung an Stickstoff verhindert und andererseits eine zu starke Verkrustung des Ackerbodens vermieden.

b) Schwermetallsalze. Nur noch aus historischem Interesse seien Eisensulfat ($FeSO_4$), Kupfersulfat ($CuSO_4$) und Kupfernitrat ($Cu(NO_3)_2$) als Unkrautmittel im Getreidebau genannt. Sie sind durch den Einsatz wirksamerer Mittel verdrängt worden und spielen daher keine Rolle mehr.

c) **Wuchsstoffherbizide**, die fälschlicherweise auch als Herbizide auf hormonaler Grundlage bezeichnet werden, nehmen unter den chemischen Unkrautbekämpfungsmitteln eine vorrangige Stellung ein. Ihr bevorzugter Einsatz ist auf ihre relative Ungiftigkeit gegen Mensch und Haustier und auf ihre größere Wirkungsbreite zurückzuführen.

Die drei wichtigsten Vertreter der Wuchstoffherbizide sind Derivate der Phenoxyessigsäure, und zwar das 2,4-D*, d. h. chemisch die 2,4-Dichlor-phenoxyessigsäure mit der Strukturformel:

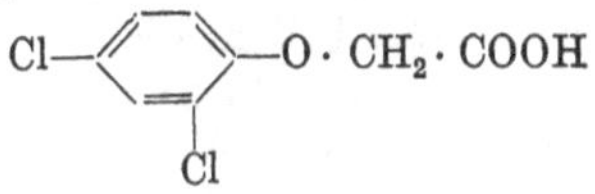

das MCPA* mit der chemischen Bezeichnung 4-Chlor-2-methyl-phenoxyessigsäure mit der Strukturformel:

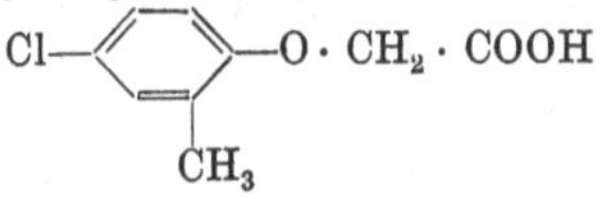

und das 2,4,5,-T*, das chemisch eine 2,4,5-Trichlorphenoxyessigsäure ist und folgende Struktur zeigt:

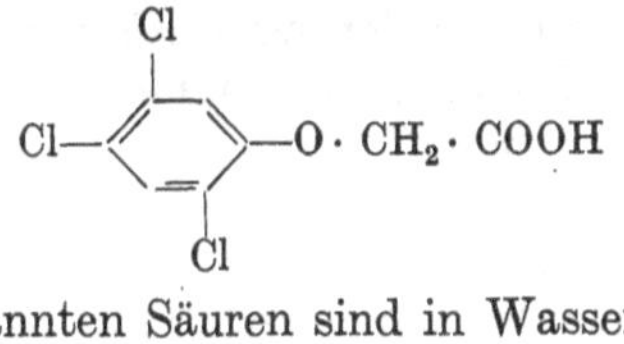

Die drei genannten Säuren sind in Wasser nicht löslich, dagegen sind ihre Natrium-, Kalium-, Ammonium- und Aminsalze löslich. Das letztere Salz weist meist eine besonders gute Löslichkeit auf.

Die akute Warmblütlertoxizität, die an Ratten oral festgestellt worden ist, wird durch folgende LD 50-Werte gekennzeichnet, und zwar für 2,4-D = 375 mg/kg, für MCPA = 700 mg/kg und für 2,4,5-T = 300 mg/kg. Im Boden werden die genannten Verbindungen vorwiegend durch bestimmte Bakterien zersetzt und abgebaut, so daß nach 4—6 Wochen Restmengen nicht mehr festzustellen sind. Auch oberirdisch sind die Wirkstoffe instabil und dadurch nur geringe Karenzzeiten (ca. 8 Tage) nötig. Nach amerikanischen Angaben besteht für 2,4-D ein Toleranzwert von 5 ppm. Eine mit Wuchsstoffen behandelte Kultur (z. B. Klee), die Futterzwecken dient, verursacht beim Verzehr durch Rinder keine Geschmacksbeeinträchtigung der Milch. Unter normalen Bedingungen werden die Wuchstoffe für bienenungefährlich gehalten. In niedrigen Aufwandmengen (0,1—0,2 g/qm) besteht für Fische keine Gefahr.

Die Wuchstoffherbizide werden von den Pflanzen aufgenommen und nach allen Teilen, auch nach den Wurzeln, weitergeleitet. Es werden dadurch nicht nur einjährige, sondern auch mehrjährige wurzel- und ausläufertreibende Unkräuter (Acker-Kratzdistel, Sanddistelarten, Löwenzahn u. a.) vernichtet. In der Pflanze üben die Wuchsstoffherbizide besonders auf das Bildungsgewebe, Meristem genannt, einen Einfluß aus. Sie verursachen ein erhöhtes, aber ungeordnetes Wachstum, das zu den verschiedensten Mißbildungen führt (Krümmungen an Blättern und Trieben, Verdickung von Sprossen, Auftreiben und Ausreißen der Gewebe u. a.). In der weiteren Folge kommt es zu Störungen lebenswichtiger physiologischer Vorgänge. Eine Erhöhung der Atmungsintensität und ein gesteigertes Wachstum führen zu einem Verbrauch der Reserve- und Nährstoffe, so daß die Pflanze sich verzehrt und schließlich zugrunde geht.

Es steht eine intensive Forschungsarbeit bevor, und viele Einzelfragen harren noch der Lösung, die Klarheit darüber bringen soll, in welcher Weise die Wuchsstoffe die normalen physiologischen Vorgänge in der Pflanze beeinflussen und stören.

Für die selektive herbizide Wirkung bzw. unterschiedliche Phytotoxizität sind mehrere Faktoren maßgebend:

1. Wie in anderen Fällen wird auch hier der biologische Effekt von der Dosis des Mittels bestimmt. So sind Getreidepflanzen gegen eine bestimmte Anwendungskonzentration tolerant, während Unkrautpflanzen geschädigt

bzw. vernichtet werden. Diese Tatsache zwingt die Praxis, die vorgeschriebenen Aufwandmengen genau zu beachten.

2. Auch die Natur des Wirkstoffes selbst entscheidet über die unterschiedliche Toleranz gegenüber den verschiedenen Pflanzenarten. Das Acker-Hellerkraut (*Thlaspi arvense*) wird in jedem Wachstumsstadium z. B. nur durch MCPA mit Erfolg bekämpft. 2,4-D-Mittel erweisen sich als besonders erfolgreich gegen Knöterich-, Kamillearten und Disteln, während die MCPA-Mittel betont wirksam gegen Spörgel, Hahnenfußarten, Dannessel und Duwock angewandt werden. Holzige Unkrautgewächse wie Ginster, Brombeere, Berberitze und Hauhechel sind besonders empfindlich gegen 2,4,5-T-Mittel auch in Kombination mit 2,4-D. Bei Verunkrautung vieler Arten werden Kombinationen der Wuchsstoffherbizide eingesetzt, z. B. 2,4-D + MCPA, MCPA + 2,4,5-T und 2,4-D + 2,4,5-T. Gegenüber den Kulturpflanzen besteht ebenfalls eine unterschiedliche Empfindlichkeit. So ist der Hafer gegen 2,4-D am empfindlichsten, es folgen Gerste und Weizen. Für Hafer ist daher MCPA vorzuziehen, während z. B. für Mais 2,4-D am geeignetsten ist. MCPA hat sich im Vergleich zu den anderen Wuchstoffherbiziden als das mildere erwiesen, so daß es in geringeren Konzentrationen in Flachs, Rotklee und Erbsen angewandt werden kann. Es sei darauf hingewiesen, daß auch innerhalb der Getreidesorten Unterschiede im Grade der Empfindlichkeit bestehen.

3. Ein weiterer maßgeblicher Faktor für die Selektivität ist die jeweilige Entwicklungsphase der Kulturpflanze während der Behandlung. Die Anwendung der Mittel im Getreide durfte nach früheren Empfehlungen erst bei Beginn der Bestockung folgen. Nach neuerer Erkenntnis soll man schon im 4-Blattstadium, d. h. wenn das 4. Blatt ausgebildet ist, mit der Behandlung beginnen können. Der Endtermin ist mit dem Beginn des Ähren- bzw. Rispenschiebens festgelegt, und zwar, wenn man im unteren Teil der Pflanze die Ähre bzw. Rispe fühlt. Je früher man

in diesem Zeitraum mit der Unkrautbekämpfung beginnt, um so sicherer werden die Unkräuter vernichtet, denn im Jugendstadium zur Zeit des stärksten Wachstums sind die Unkräuter am empfindlichsten. Im Gegensatz dazu bekämpft man allerdings die Distel am besten, wenn sie 20—25 cm hoch ist.

4. Über morphologische Unterschiede zwischen Unkraut- und Kulturpflanze, die eine Selektivität bedingen, ist schon auf Seite 147 berichtet worden.

5. Auch Klimafaktoren beeinflussen die Selektivität. So kann nach RADEMACHER (zit. KURTH 1960) einerseits die unkrautbekämpfende Wirkung bei 2,4-D durch Kälteeinbrüche zurückgehen, während andererseits dann beim Getreide (Hafer) Schädigungen auftreten. Auf Grund dieser Tatsache sollen die milder wirkenden MCPA-Mittel in den nordeuropäischen Ländern gegenüber den anderen Wuchsstoffherbiziden eine vorrangige Stellung einnehmen. In Deutschland bzw. Europa (KURTH 1960) wird der Main als geographische Trennungslinie für die bevorzugte Anwendung des 2,4-D im Süden und des MCPA im Norden Europas angesehen.

Sicher sind noch andere Faktoren maßgeblich für die Selektivität, wobei z. B. Faktoren auf physiologischem Gebiet eine wesentliche Rolle spielen dürften.

Bei feuchtem, warmem Wetter, das das Pflanzenwachstum fördert, ist mit den Wuchsstoffherbiziden der größte Bekämpfungserfolg zu erreichen. Ausgebrachte Spritzbrühen mit einer Tröpfchengröße von 500 μ sollen für die Bekämpfung am günstigsten sein.

Bemerkenswert ist noch, daß bei einem regelmäßigen Einsatz von Wuchsstoffherbiziden sich eine Unkrautflora entwickelt, die gegen Wuchsstoffe besonders widerstandsfähig ist (Klebkraut, Windhalm). Um diesem Übelstand zu begegnen, ist es in den einzelnen Jahren notwendig, mit den Unkrautmitteln (DNC, Kalkstickstoff) zu wechseln.

Die drei Derivate der Phenoxyessigsäure 2,4-D, MCPA und 2,4,5-T sind durch Umsetzung mit verschiedenen

Alkoholen (Äthyl-, Propyl-, Isopropyl-, Butyl- und Isobutylalkohol) als entsprechende Ester zum Einsatz gelangt. Hierbei war eine erhöhte selektive Wirkung gegen bestimmte Unkräuter erzielt worden.

Im Pflanzenschutzmittelverzeichnis der DDR (1961) sind folgende Wuchsstoffherbizide aufgeführt: 1. auf Basis 2,4-D „Spritz-Hormit", „Stäube-Hormin", „Streu-Hormin"; 2. die Kombination (2,4-D + 2,4,5-T) „Selest" vom VEB EKB Bitterfeld; 3. auf Basis MCPA „Herbizid Leuna M" von VEB Leuna-Werke „Walter Ulbricht".

Weiterhin sollen noch andere Wuchsstoffherbizide erwähnt werden. Nach WAIN (zit. KURTH 1960) können verschiedene Pflanzen mit Hilfe eines ihnen eigenen Enzymsystems Phenoxyalkylcarbonsäuren in die phytotoxisch hochwirksame Phenoxyessigsäure umwandeln. Ist das entsprechende Enzymsystem nicht vorhanden, so widersteht die Pflanze der Behandlung. Es ergeben sich dadurch, wie die Versuche gezeigt haben, zusätzlich bestimmte selektive Wirkungen.

Folgende Derivate der Phenoxy-alkyl-carbonsäure sind als selektiv wirkende Wuchsstoffherbizide im Pflanzenschutz angewandt worden:

MCPB* und 2,4-DB. Das erstere Herbizid ist chemisch eine γ-(4-Chlor-2-methyl-phenoxy)-buttersäure mit der Struktur:

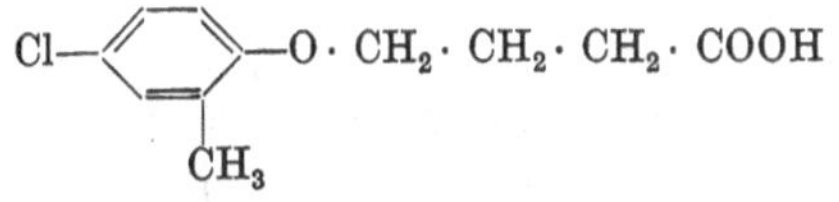

und das zweite Herbizid ist chemisch eine γ-(2,4-Dichlor-phenoxy)-buttersäure mit der Struktur:

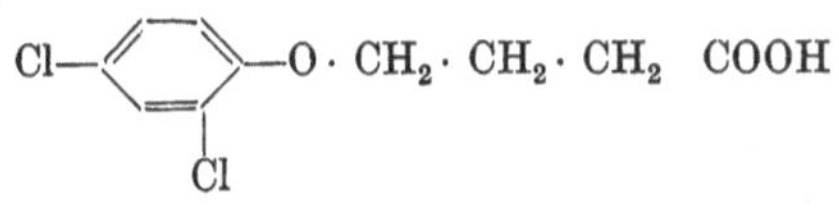

Die akute Toxizität des MCPB (LD 50 per os) beträgt 700 mg/kg Ratte.

Folgende Kulturen können mit ihnen eine Unkrautbekämpfung erfahren: Getreidearten, Gräser, Rotklee,

Weißklee, Luzerne, Esparsette, Erbsen, Ackerbohnen, Möhren, Pastinaken, Sellerie, Flachs und Kartoffeln. Besonders werden die Ackerdisteln in Erbsen bekämpft. Im kleereichen Grünland wird der Leguminosenanteil sehr geschont.

CMPP oder MCPP. Dieser Wirkstoff ist chemisch α-(4-Chlor-2-methyl-phenoxy)-propionsäure mit der Struktur:

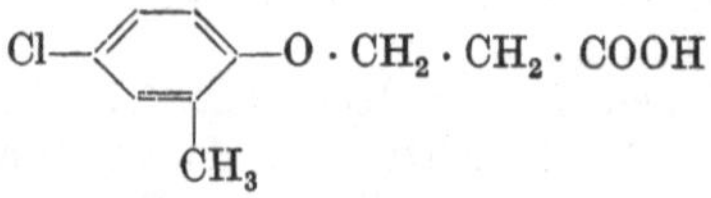

Das Klebkraut z. B., das sich als besonders widerstandsfähig gegen die vorhergenannten Wuchsstoffherbizide erwiesen hat, kann mit CMPP bekämpft werden. Die Wirkung gegen Huflattich ist unterschiedlich.

Trichlorbenzoesäure 2,3,6-TBA hat folgende Struktur:

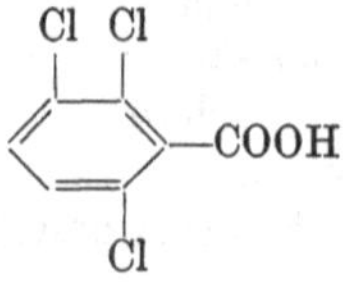

Nur in Getreidekulturen anwendbar. Vernichtet sehr widerstandsfähige Unkräuter.

Substituierte Phenoxyäthyl-sulfate und -benzoat. SES, Disul-Natrium* ist ein β-(2,4,-Dichlorphenoxy)-äthyl-natriumsulfat mit der Struktur:

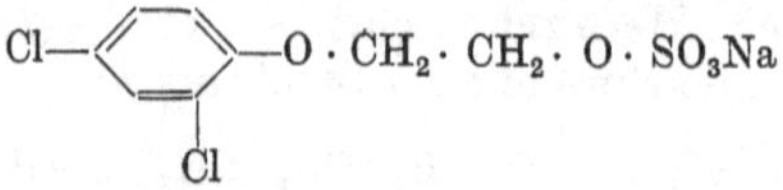

Die akute orale Toxizität beträgt bei Ratten 1400 mg/kg. Bodenfeuchtigkeit und Bakterien verwandeln die Verbindung in einen Wuchsstoff. Ein Einsatz in Erdbeer- und Spargelkulturen, ebenso auch in Baumschulen und Obstanlagen ist gegeben. Trockenes Wetter und sandige Böden beeinträchtigen die Wirkung zum Negativen.

2,4,5-TES ist ein β-(2,4,5-Trichlorphenoxy)-äthyl-natriumsulfat mit folgender Struktur:

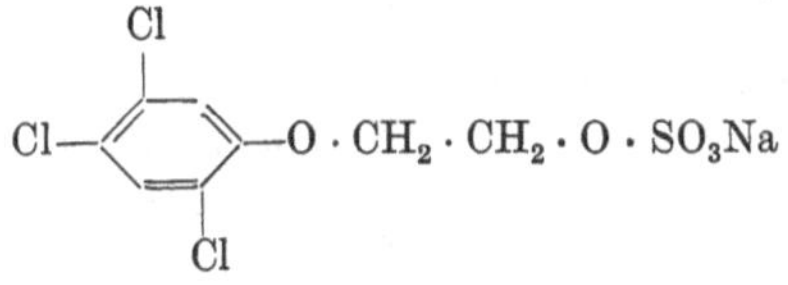

Der Einsatz in Tomaten, Baumwolle, Tabak und Soja ist erprobt.

2,4-DEB ist ein β-(2,4-Dichlorphenoxy)-äthyl-benzoat mit der Struktur:

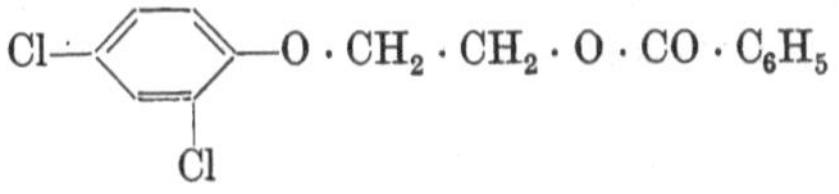

3. Herbizide ohne Wuchsstoffcharakter mit selektiver Wirkung

a) **4,6-Dinitro-o-kresol (DNC oder DNOC*).** Dieser Wirkstoff ist uns bereits als Insektizid bekannt (Strukturformel und Toxizität siehe Seite 103). Die lästige, aber ungefährliche Gelbfärbung von Haaren, Haut und Wollsachen beim Umgang mit diesem Mittel beruht auf der Anwesenheit der Nitro-Gruppen, die der Verbindung Farbstoffcharakter verleihen. Es ist bereits darauf hingewiesen worden, daß das DNC die Schwermetallsalze, deren Einsatz zu Korrosionserscheinungen an den Geräten führte, abgelöst hat. Gegenüber den Wuchsstoffherbiziden besteht auch der Vorteil, daß das Wirkungsspektrum gegen die einjährigen Unkräuter weitaus umfangreicher ist. Es werden vernichtet: Knötericharten, Meldearten, Vogelmiere, geruchlose Kamille, Erdrauch, Klebkraut, Klatschmohn, Saatwucherblume, Ackersenf u. a. Bei mehrjährigen Pflanzen werden nur die über der Erde wachsenden Teile zum Absterben gebracht, so daß die Wirkung vorübergehender Natur ist. Zur Beseitigung der durch einseitige Anwendung von Wuchsstoffherbiziden sich entwickelnden Unkrautflora resistenter Arten im Getreidebau ist DNC besonders zu empfehlen.

Der Einsatz des DNC erfolgt vorwiegend im Getreideanbau. Die selektive Wirkung dieses stark ätzenden Kontaktgiftes wird durch die morphologischen Unterschiede zwischen Getreide und Unkraut ermöglicht (siehe Seite 147). Bei Reduktion der für Getreide üblichen Aufwandmenge des Wirkstoffes um die Hälfte können auch Flachs, Erbsen und Zwiebeln, deren Blätter von einer schützenden Wachsschicht bedeckt sind, behandelt werden. Auch Klee- und Luzerne-Einsaaten können bei herabgesetzter Aufwandmenge, wenn die Untersaaten durch Unkräuter und Getreide abgeschirmt sind, mit DNC unkrautfrei gemacht werden.

Der Einsatz des Mittels erfolgt, wenn das Getreide handhoch ist (Bestockung nicht nötig) und wenn die übrigen Kulturen eine Standhöhe von 5—15 cm haben.

Im übrigen muß besonders bei diesen Mitteln auf die Anwendungsvorschriften der Hersteller verwiesen werden, durch deren sorgfältige Einhaltung Schäden und Mißerfolge vermieden werden.

DNC ist mit Wuchsstoffen kombiniert worden. Da diese Kombination auch nach der Bestockung des Getreides zum Einsatz kommen kann, muß bei Vorhandensein von blühenden Unkräutern die Behandlung zum Schutze der Bienen unterbleiben, denn DNC ist ein starkes Bienengift.

„Hedolit“ und „Hedolit-Konzentrat“ sind DNOC-Präparate aus dem VEB Farbenfabrik Wolfen.

b) 4,6-Dinitro-2-sek-butylphenol (DNBP) oder Dinoseb*. Die Struktur siehe S. 105. Für die akute Warmblütlertoxizität wird ein LD 50-Wert per os von 40 mg/kg Ratte angegeben. Bei einer Futtergabe mit 400 ppm starben von 10 Ratten 4 in 13 Tagen, während die restlichen Tiere einen Gewichtsverlust aufwiesen. Die Toleranz beträgt 0.

Gegen einjährige Unkräuter wirkt es ebenso wie DNC. Wegen seiner milderen Wirkung wird es bevorzugt bei

Erbsen, Ackerbohnen, Flachs, Zwiebeln, Porree und Gladiolen angewandt.

c) **Pentachlorphenol (PCP)** hat folgende Struktur:

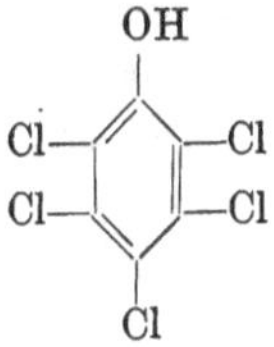

Die akute Warmblütlertoxizität beträgt (LD 50 per os) 210 mg/kg Ratte. Eine unangenehme Nebenwirkung bei dem Umgang mit PCP sind Reizungen der Nasen- und Augenschleimhäute und der Haut.

PCP hat als Vorauflaufherbizid eine Bedeutung erlangt. Zwiebeln, Salat, Zuckerrüben und Möhren sind die Kulturen, in denen das Mittel zur Bekämpfung keimender Unkräuter zur Anwendung kommt.

„Vorauflauf-Herbizid EP 30" ist das vom VEB EKB Bitterfeld ausgearbeitete Präparat auf Basis PCP.

d) **Mineralöle.** Die als Herbizide zu verwendenden Mineralöle sind aus Erdölen gewonnene Fraktionen mit einem Siedebereich von 150—200 °C (sogenannte Schwerbenzine) oder von 165—290 °C (sogenannte Mittelöle). Letztere liegen im Siedepunkt etwas niedriger als Dieselöl. Die Mittel werden unverdünnt ausgebracht. Durch die Spaltöffnungen der Blätter dringen die sehr flüchtigen Öle ein und gelangen auf dem Wege durch die Interzellularräume zu den Geweben, die zerstört werden. Sie sind ein spezifisches Mittel in der Unkrautbekämpfung der Umbelliferenkulturen (Möhren, Petersilie, Sellerie, Pastinaken, Dill, Koriander, Kümmel).

Die Anwendungsvorschrift verlangt für die Kulturen das 1- bis 2-Blattstadium (nicht Keimblätter); bei den Unkräutern ist der beste Erfolg zu erreichen, wenn sie ca. 5 cm hoch sind. Starker Wind und starke Sonneneinstrahlung verbieten eine Anwendung. Folgende Unkräuter werden bekämpft: Gräser im Jugendstadium, Kreuzkraut,

Hirtentäschel, Vogelmiere, Rauhhaariger Fuchsschwanz, Weißer Gänsefuß, Schwarzer Nachtschatten u. a.

c) **Carbamate.** Propham* (IPC) und Chlor-IPC (CIPC) oder Chlorpropham*. Chemisch ist IPC ein 0-Isopropyl-phenyl-carbamat und CIPC ein 0-Isopropyl-N-3-chlor-phenyl-carbamat. Das letztere hat die Struktur:

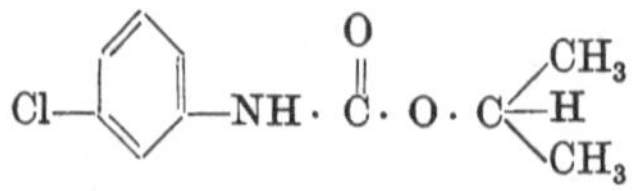

Die herbizide Wirkung des CIPC ist intensiver als die fungizide und so sei nur von ersterer die Rede.

Die akute Warmblütlertoxizität (LD 50 per os) liegt bei der Ratte zwischen 1000 und 2000 mg/kg.

Die Verbindung gelangt nur über die Wurzel in die Pflanze, so daß die Applikation auf den Boden zu erfolgen hat. Die selektive Wirkung richtet sich gegen keimende Unkräuter, vorwiegend auch gegen keimende Gräser. Es ist als Vorauflaufherbizid, d. h. zwischen Aussaat und Auflaufen, besonders in Möhren und Zwiebeln anzuwenden. Die Aufwandmengen betragen 4 bzw. 3 kg/ha. Ein- und mehrjährige Forstpflanzen (nicht keimende) sind gegen CIPC unempfindlich, so daß das Mittel auch in forstlichen Pflanzgärten und Forstbaumschulen mit Erfolg eingesetzt wird. Bodenart und Bodenstruktur sind wirkungsbeeinflussende Faktoren. Um das Wirkungsspektrum gegen die Unkräuter zu erweitern, wird CIPC mit anderen Herbiziden kombiniert.

Ein CIPC-Präparat „Elbanil“ ist vom VEB Fahlberg-List, Magdeburg, ausgearbeitet worden.

EPTC in den USA entwickelt, und dort angewendet, ist chemisch ein S-Äthyl-di-propylthiocarbamat mit der Formel $(C_3H_7)_2N \cdot CO \cdot S \cdot CH_2 \cdot CH_3$. Die akute Warmblütlertoxizität entspricht ungefähr der von CIPC. Es ist ein Vor- und Nachauflaufherbizid. Einige widerstandsfähige Kulturpflanzen sind z. B. Luzerne, Spargel, Kohlarten, Klee, Tomaten. Widerstandsfähige Unkrautarten sind Hederich, Ackerwinde und Dorniger Fuchsschwanz.

Vapam (SMDC) ist bereits unter den Nematiziden aufgeführt worden. Sein Hauptanwendungsgebiet ist die Nematodenbekämpfung. Als Herbizid wird es in sehr hohen Aufwandmengen 2—3 Wochen vor der Saat auf möglichst feuchten Boden ausgebracht.

Barban (Carbyne), herbizider Wirkstoff amerikanischer Herkunft, ist ein 0-1[4-chlorbutin(-2)yl-]-N-(3-chlorphenyl)-carbamat mit folgender Struktur:

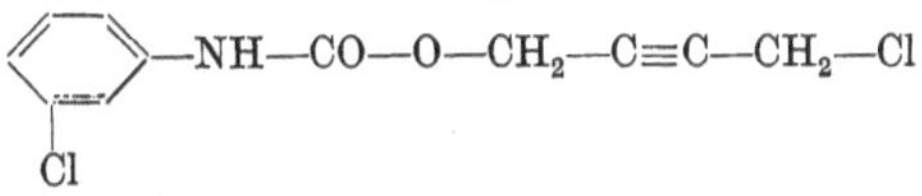

Barban besitzt eine spezifische Wirkung gegen die Gattung *Avena* und somit gegen den immer stärker als Unkraut um sich greifenden Flughafer (*Avena fatua*) im Getreide (Weizen, Gerste) und im Rübenbau. Die Anwendung erfolgt als Nachauflaufherbizid. Der Flughafer soll zur Zeit der Behandlung 1—2 Blätter ausgebildet haben.

BiPC und OMU. Chemisch ist BiPC 0-2[Butin(-3)yl]-N-(3-chlorphenyl)-carbamat mit der Struktur:

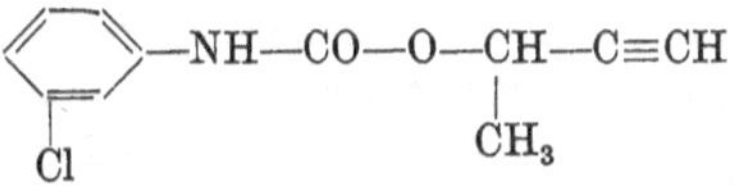

und OMU ist chemisch ein Cyclooctyl-dimethylharnstoff mit folgender Struktur:

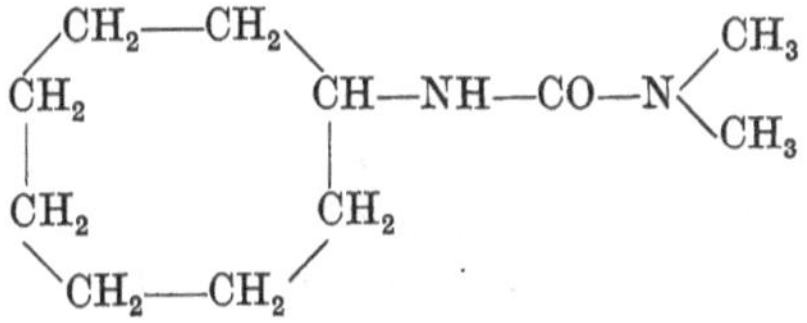

Die Kombination beider Wirkstoffe wird als Vorauflaufherbizid im Rüben-, im Gartenbau und in Baumschulen mit einer sehr großen Wirkungsbreite gegen viele Unkräuter mit gutem Erfolg angewandt. Wurzelunkräuter dagegen, wie Winden, Disteln, Quecken und der aus größerer Tiefe keimende Flughafer, werden nicht vernichtet.

Ein Kombinationspräparat dieser Wirkstoffe ist in Westdeutschland unter der Handelsbezeichnung Alipur amtlich anerkannt.

f) **Kaliumcyanat (KOCN)** wird in den USA zur Unkrautbekämpfung in Zwiebelkulturen 8 Tage vor dem Auflaufen eingesetzt.

g) **Triazin-Derivate**: Simazin*. Die chemische Bezeichnung lautet 2-Chlor-4,6-bis-äthylamino-1,3,5-triazin und die Strukturformel:

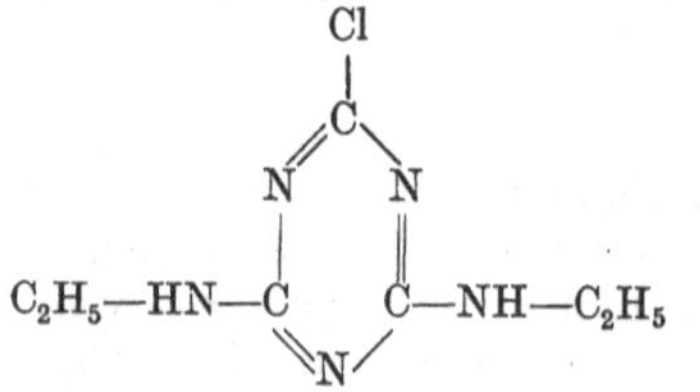

Das in der Schweiz von der Firma Geigy entwickelte Herbizid ist durch eine sehr niedrige Warmblütlertoxizität ausgezeichnet. Bei Ratten beträgt die akute Toxizität (LD 50 per os) 5000 mg/kg. Auch die Fischgiftigkeit soll sehr gering sein. Die Verbindung kann als Total- oder Selektivherbizid eingesetzt werden, und im letzteren Falle hat sie besonders für den Maisbau Bedeutung erlangt. Simazin kann hier mit der Aufwandmenge von 1,5 bis 2,5 kg/ha kurz vor oder nach der Saat ausgebracht werden. Die Wirkungsbreite ist relativ groß, und viele Arten von Unkräutern und Ungräsern (Quecke) werden bekämpft. Keimpflanzen sind besonders empfindlich. Die Verbindung ist verhältnismäßig stabil und wasserunlöslich, so daß sie sich längere Zeit in den obersten Bodenschichten hält. Nachwirkungen für den Nachbau (Getreide, Kartoffeln) sollen vereinzelt festgestellt worden sein. Für ein endgültiges Urteil hierüber bedarf es weiterer Untersuchungen und Erfahrungen. Außer Mais werden noch folgende Kulturen als Anwendungsgebiete genannt: Reben, Obstgehölze, Spargel und Erdbeeren.

Als Totalherbizid (4 kg/ha Simazin) wird es wegen seiner Randschärfe gern zur Unkrautbekämpfung auf

Gartenwegen angewandt, die direkt an Kulturpflanzen angrenzen.

„Unkrautbekämpfungsmittel W 6658“ vom VEB Farbenfabrik Wolfen basiert auf Simazin. Hinzu kommt eine Kombination mit ATA (Azaplantkombi).

Atrazin ist chemisch ein 2-Chlor-4-äthylamino-6-isopropyl-amino-s-triazin mit folgender Struktur:

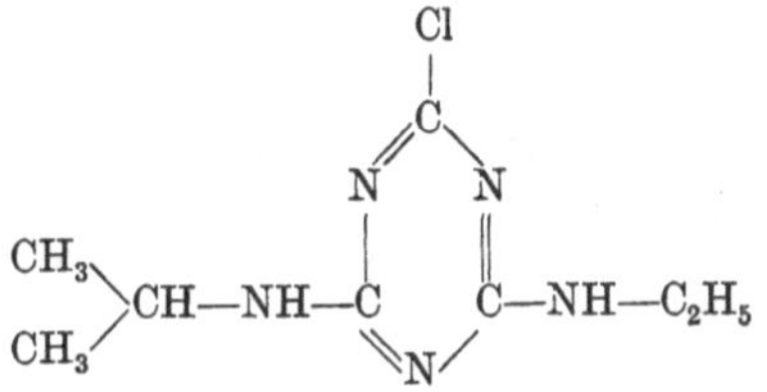

Die akute Toxizität oral liegt für Ratten bei 3080 mg/kg.

Der Wirkstoff wird durch die Wurzeln und Blätter der Pflanzen aufgenommen. Keimpflanzen sind am empfindlichsten. Gegenüber Simazin wirkt Atrazin unter trockenen Bedingungen etwas schneller. Der Wirkungsmechanismus beruht auf einer Störung der Kohlensäureassimilation. Ebenfalls sehr ausgeprägt ist die Widerstandsfähigkeit gegen einige Hirsearten und Mais, obwohl Pflanzen, die zu den Gräsern gehören, empfindlich sind. Die etwas größere Wasserlöslichkeit des Atrazins im Vergleich zu Simazin bedingt ein schnelleres Eindringen des Wirkstoffes in tiefere Bodenschichten. Außerdem ist das Adsorptionsvermögen im Boden geringer. Die Wirkung ist nicht so witterungsabhängig, aggressiver und weniger selektiv als bei Simazin.

5 Monate nach Anwendung des Mittels zur Unkrautbekämpfung im Mais mit 4 kg Atrazin 50 WP/ha (WP = Wirkstoffprozente), können im Nachbau im Herbst Winterweizen, Wintergerste und Winterroggen ausgesät werden. Hat man Atrazin verhältnismäßig spät eingesetzt, so ist für den Nachbau im Herbst nur Winterweizen zu empfehlen. Im nachfolgenden Frühjahr können Sommergetreide, Kartoffeln und Wicken angebaut werden. Sind zur intensiven Queckenbekämpfung 10 kg Atrazin

50 WP/ha zur Anwendung gelangt, so ist bis zum Frühjahr eine Brache erforderlich. Im zweiten Herbst sind keinerlei Beeinflussungen mehr zu erwarten.

Atrazin wird von den Maispflanzen, wie es scheint, noch besser vertragen als Simazin, und sein Einsatz ist besonders in Trockengebieten zu empfehlen.

Das Präparat Wonuk bringt VEB Farbenfabrik Wolfen heraus.

Propazin, ebenfalls von der Firma Geigy entwickelt, ist chemisch ein 2-Chlor-4,6-bis-isopropylamino-s-triazin mit der Strukturformel:

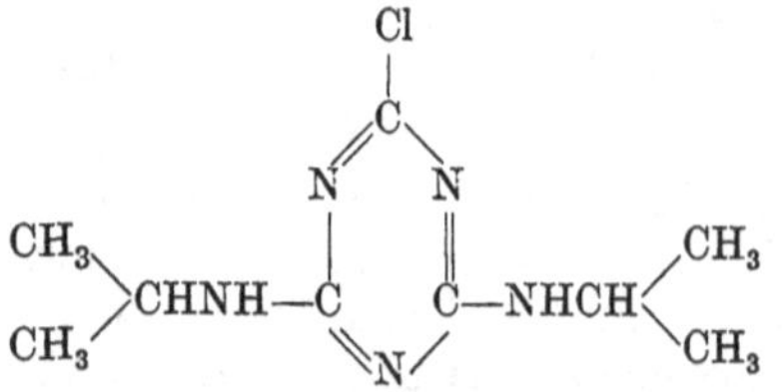

Nach Angaben des Herstellerwerkes beträgt der LD50-Wert für die akute Toxizität, per os an Mäusen und Ratten geprüft, über 5000 mg/kg. In der Wirkungsweise (die Aufnahme findet durch die Wurzel statt), der Wirkungsbreite (ist ebenfalls in Mais anzuwenden) und der Beeinflussung durch den Boden (wird von den obersten Bodenschichten zurückgehalten und ist auf Bodenfeuchtigkeit angewiesen) bestehen große Ähnlichkeiten mit Simazin. Im Gegensatz aber zu Simazin sind Hirsearten und Umbelliferen (Karotten, Möhren, Sellerie, Fenchel und Petersilie) gegenüber Propazin weniger empfindlich.

Für die Anwendung in Möhren und Karotten wird das Vorauflaufverfahren empfohlen, da hierbei mit kleineren Dosen die gleiche Wirkung gegen die Unkräuter erzielt wird wie mit höheren Dosen im Nachauflaufverfahren. Im Hinblick auf die Nachwirkung sind die geringeren Vorauflaufdosen wesentlich günstiger, denn sie ermöglichen, daß der Nachbau keinen Schaden erleidet.

Als Samenunkräuter sind Hirsen, *Urtica urens* und *Amaranthus* spec. gegen Propazin widerstandsfähig. In

Anbetracht dieser Tatsache wird eine Kombination mit CIPC empfohlen.

Im Rebenbau angewandt, werden Winden (z. B. Ackerwinde) besser bekämpft als mit Simazin.

Die Wirkungsdauer im Boden ist bei Propazin noch höher als bei Simazin, so daß also mit möglichst niedrigen Dosen speziell im Gemüsebau wegen der Fruchtfolge gearbeitet werden muß.

h) CDAA und CDEA sind N-substituierte Chloracetamide, und zwar ist das CDAA ein N,N-Diallyl-chloracetamid mit der Formel ($ClCH_2 \cdot CO \cdot N(CH_2 \cdot CH:CH_2)_2$) und das CDEA ein N,N-Diäthylchloracetamid mit der Formel ($ClCH_2 \cdot CO \cdot N(C_2H_5)_2$).

Der Umgang mit ihnen erfordert besondere Vorsichtsmaßnahmen, da sie für Mensch und Tier giftig sind. Sie verursachen auf der Haut schmerzende Rötungen (Gummihandschuhe).

Als Flüssigkeiten kommen sie im Vorauflaufverfahren mit 2—6 l/ha in folgenden Kulturen zur Anwendung: Kohlarten, Spinat, Erbsen, Bohnen, Rüben, Sellerie, Salat, Zwiebeln und Mais.

Die Wirkung erstreckt sich besonders auf einjährige Ungräser (Rispengräser, Unkrauthirse, Fuchsschwanz-Arten, Flughafer), auf schweren Böden ist der Effekt gegen Gräser besser als vom CMU.

i) NPA oder Alanap, in den USA entwickelt, ist chemisch N-1-Naphthylphthalamidsäure mit der Struktur:

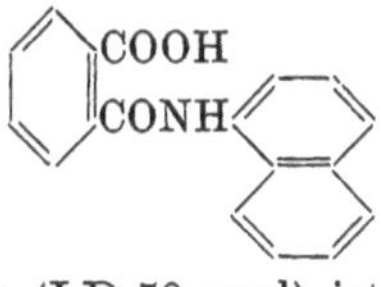

Die akute Toxizität (LD 50 oral) ist bei Ratten größer als 8500 mg/kg, und das Na-Salz hat den LD-50-Wert 7000 mg/kg. In der Praxis wird Alanap als Vorauflaufherbizid eingesetzt. Sind die Unkräuter aufgelaufen, so ist die Bekämpfung ohne Erfolg. Es wird in Spargel- und Gurkenkulturen eingesetzt, auch andere Kulturpflanzen gelten als tolerant (Flachs, Kürbis, Mais, Bohnen und Reben).

j) **NIX** ist Na-Isopropylxanthat, das in Gemüsekulturen und besonders in Erdbeeren sich bewährt haben soll.

k) **Endothal*** ist chemisch ein Doppelnatriumsalz der 3,6-Endoxo-hexahydrophthalsäure mit der Struktur:

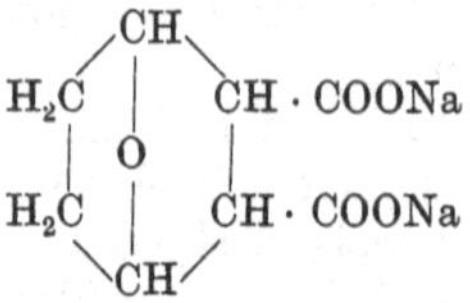

Die akute Toxizität ist im Vergleich zu den anderen Herbiziden relativ hoch, denn die LD 50 per os beträgt 35 mg/kg Ratte. Außer als Vor- und Nachauflaufherbizid findet es noch als Entblätterungsmittel Anwendung.

l) **SMCA.** Die Verbindung des SMCA ist eine Monochloressigsäure, die vorwiegend als Na-Salz ($ClCH_2 \cdot COONa$) zum Einsatz kommt. Sie ist für Mensch und Tier ungiftig. Neben Gräsern und einjährigen Unkräutern sollen Ackersenf und Klebfarnkraut vernichtet werden können.

m) **MH (Maleinsäurehydrazid).** Die vielfach übliche Bezeichnung Maleinsäurehydrazid ist chemisch falsch, sie lautet korrekt N,N′-Maleinyl-hydrazin mit der Struktur:

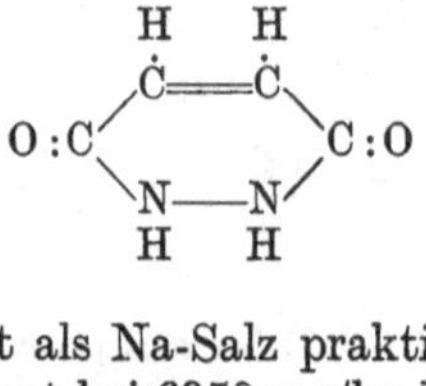

Die Verbindung ist als Na-Salz praktisch ungiftig, denn die LD 50 per os liegt bei 6950 mg/kg Ratte. Die schädigende Wirkung gegen die Pflanzen ist auf eine Blockierung der Atmungsfermente zurückzuführen. Als Herbizid wird es im Vorauflaufverfahren eingesetzt, seine Wirkung erstreckt sich vor allen Dingen auf Ungräser.

Im Vorratsschutz wird es als Keimhemmungsmittel bei Kartoffeln, Zwiebeln und Rüben angewandt.
Die hohe Artenzahl der zu bekämpfenden Unkräuter führt besonders bei einem wiederholten, einseitigen Einsatz eines selektiv wirkenden Herbizids zu einer Selektionierung und Vermehrung widerstandsfähiger Arten. Es ist außerdem festgestellt worden, daß sogar innerhalb einer Art ähnlich den Resistenzerscheinungen bei Insekten resistente Typen oder Rassen, die sich morphologisch und physiologisch unterscheiden, ausgelesen werden. Um diesen Schwierigkeiten zu begegnen ist es unbedingt notwendig, nach immer neuen Wirkstoffen zu suchen. Eine Vielzahl von selektiven Herbiziden schafft die Voraussetzung mit großem Wirkungsspektrum ausgezeichnete Kombinationspräparate auszuarbeiten, denen zur Erzielung eines höchst möglichen Bekämpfungseffektes in der Zukunft eine besondere Bedeutung beizumessen ist.

Mit steigender Intensität werden von der chemischen Industrie wie kaum auf einem anderen Sektor des Pflanzenschutzes in kurzen Zeitabständen immer neue herbizide Wirkstoffe entwickelt. Der Vollständigkeit halber seien zum Abschluß noch einige Herbizide kurz aufgeführt, die sich bereits in der Praxis bewährt haben: Afalon, ein 3-(3,4-Dichlorphenyl)-1-methoxy-1-methylharnstoff(wirksam gegen Franzosenkraut); Aretit, ein 4,6-Dinitro-2-sec.-butyl-phenylacetat (im Leguminosenanbau anzuwenden); Aradex (Tri-allate), ein 2,3,3-Trichlorallyl-N,N-di-isopropyl-thiolcarbamat (wirksam wie Barban gegen Flughafer); PCA (Pyramin), ein 1-Phenyl-4-amino-5-chlorpyridazon-6 (im Rübenanbau anzuwenden) und Diquat (Reglone), ein 1,1'-Äthylen-2,2'-dipyridiliumdibromid (gleichzeitig ein Defoliations- oder Entblätterungsmittel).

C. Literaturverzeichnis

Anonym, 1959 a, Pesticide chemicals official compendium, Maryland.

Anonym, 1959 b, Information aus der Abteilung für Schädlingsbekämpfung, Atrazin und Propazin. J. R. Geigy AG., Basel.

Anonym, 1961, Wartezeiten für die Anwendung von Pflanzenschutzmitteln bei Nutzpflanzen. Nachrichtenbl. Dt. Pflanzenschutzdienst, Braunschweig **13**, 62.

Beran, F., 1959, Pflanzenschutzlehre – Pflanzenschutzpraxis. Gesunde Pflanzen **11**, 61–65.

Fürst, H., 1961, Chemie und Pflanzenschutz. VEB Deutscher Verlag für Grundstoffindustrie, Leipzig.

Gasser, R., 1959, Über den Stand der Resistenz von Spinnmilben gegenüber Akariziden. Verhandlungen d. IV. Intern. Pflanzenschutz-Kongr. Hamburg 1957, Bd. **1**, 643–646.

Godan, D., 1960, Schneckenschäden und ihre Abwehr. Gesunde Pflanze **12**, 151–161.

Goffart, H., 1951, Nematoden der Kulturpflanzen Europas. Verlag Paul Parey, Berlin.

Goffart, H., 1957, Der gegenwärtige Stand der Nematodenbekämpfung mit chemischen Mitteln. Nachrichtenbl. Dt. Pflanzenschutzdienst. Braunschweig, **9**, 75–78.

Heddergott, H., 1958, Der gegenwärtige Stand der Bekämpfung von Baumwollschädlingen in Ägypten. Angew. Entomol. **42**, 334–350.

Hey, A., 1955, Das Nematodenproblem in der Landwirtschaft. Nachrichtenbl. Dt. Pflanzenschutzdienst N.F. **9**, 169–176.

Holz, W. und Lange, B., 1957, Fortschritte in der chemischen Schädlingsbekämpfung. Landwirtschaftsverlag Weser-Ems GmbH. Oldenburg, 4. Aufl.

Horsfall, J. G., 1956, Principles of fungicidal action, Waltham, Mass.

Klinkowski, M., 1951, Möglichkeiten der Entseuchung fettfleckenkranken Bohnensaatgutes durch Antibiotika. Mitt. biol. Zentralanst. Land- u. Forstwirtsch., Bln.-Dahlem, H. 74, 19–22.

KURTH, H., 1960, Chemische Unkrautbekämpfung. VEB Gustav-Fischer-Verlag, Jena.

MANSFELD, K., 1958, Tierische Schädlinge an Nutzpflanzen. 2. Teil Vertebrata, in SORAUER, P., Handbuch der Pflanzenkrankheiten Bd. **5**, 5. Aufl., 5. Lfg. Paul Parey, Berlin und Hamburg.

MÄSSING, W., 1955, Captan im Rahmen der anderen Fungizide, Möglichkeiten und Grenzen des Einsatzes. Mitt. biol. Bundesanst. Land- u. Forstwirtsch., Bln.-Dahlem, H. 83, 59–68.

MELNIKOW, N. N., 1959, Über die Pflanzenschutzmittel-Forschung in der UdSSR. Akademie-Verlag, Berlin.

MELNIKOW, N. N., 1961, Chimiceskie sredstva zaczity rastenij (Chemische Pflanzenschutzmittel). Staatl. wiss.-techn. Verlag für chem. Literatur, Moskau. (russ.)

METCALF, R. L., 1955, Organic insecticides. Interscience Publishers, New York u. London.

MÜLLER, P., 1955a, Die Antibiotika und ihre Anwendung in der Medizin und im Pflanzenschutz. Naturwiss. Rdsch. **8**, 129–137.

MÜLLER, P., 1955b, DDT (Bd. 1). Birkhäuser Verlag, Basel und Stuttgart.

PERKOW, W., 1956, Die Insektizide. Dr. Alfred Hüthig Verlag, Heidelberg.

PIEROH, E. A., WERRES, H., und RASCHKE, K., 1959, Trapex, ein neues Nematizid zur Bodenentseuchung. Anz. Schädlingskd. **32**, 183–189.

POPOV, P. V., 1956, Spravocnik po jadochimikatam (Handbuch der Giftchemikalien). Staatl. wiss.-techn. Verlag für chem. Literatur, Moskau. (russ.)

RIPPER, W. E., 1957, Selective insecticides and the balance of arthropod populations. Agric. Chem. Baltimore, 36–37 und 103–105.

RÖMER, D., 1957, Thiodan, ein Fraß- und Kontaktinsektizid. Anz. Schädlingskd. **30**, 174–176.

SCHICKE, P., 1961, Dodine (N-Dodecylguanidinacetat) ein organisches Schorffungizid mit kurativer Wirkung. Z. Pflanzenkrankh. (Pflanzenpath.) Pflanzenschutz **68**, 283–293.

SCHRADER, G., 1957, Die insektiziden Phosphorsäureester. Angew. Chem. **69**, 86–90.

TRAPPMANN, W., 1949, Pflanzenschutz und Vorratsschutz. S. Hirzel Verlag, Stuttgart.

Unterstenhöfer, G., 1954, Über die Grundelemente der Inneren Therapie der Pflanze. Anz. Schädlingskd. **27**, 134–136.

Wiesmann, R., 1955, Der heutige Stand des Insektizid-Resistenz-Problems. Mitt. biol. Bundesanst. Land- u. Forstwirtsch. Bln.-Dahlem, H. 83, 17–37.

Wiesmann, R., 1957, Das Problem der Insektizidresistenz. Anz. Schädlingskd. **30**, 2–7.

Zeumer, H., 1954, Methoden zur Prüfung von Pflanzenschutz- und Vorratsschutzmitteln. Nachrichtenbl. Dt. Pflanzenschutzdienst Braunschweig, **6**, 57–58.

Sachregister

Actidion 42
Aero-Sprühmittel 18
Aerosolverfahren 17
Afalon 165
Aradex 165
Aretit 165
Äthyl-Parathion 85
ätzende Düngemittel 136
ätzende Herbizide 147
Agrimycin 43
Akarizide 112
Alanap 163
Aldrin 26, 78, 80
Alipur 160
Alkyl-Quecksilberbeizen 24
Allethrin 109
Allylisothiocyanat 121
Alodan 82
Aminotriazol 143
Amitrol 143
Anabasin 56
Anthrachinon 138
Antibiotika 41
Antimil 118
Aramite 118
Arsen 57, 58, 142
Aryl-Quecksilberbeizen 24
ATA 143
Atrazin 161

Barban 159
Bariumfluorsilikat 47
Bariumpolysulfid 28
Beizmittel 18
Benquinox 36
BHC 64
Bienenungefährlichkeit 71, 82
biologische Schädlingsbekämpfung 11
BiPC 159
Bleiarsen 47, 58
Bombykol 111
Bordeaux-Brühe 23
Brestan 26
B 500 39

Calciumhypochlorit 121
Captan 36
Carbamate 158
Carbaminsäure-Derivate 102
Carbyne 159
CBP 126
CDAA 163
CDEA 163
Chinolin-Derivate 39
Chinon-Derivate 35
Chinosol 39
Chinothionat 119
Chloranil 35
Chlorate 141
Chlorbenzilat 116
Chlorbrompropan 126
Chlordan 49, 74, 76
Chlorden 74, 76
Chlorfenson 114
chlorierte Kohlenwasserstoffe 58
chloriertes Camphen 69

chlorierte Terpene 74
Chlor-IPC 158
Chlornitrobenzol 33
Chlorocide 119
Chlorpikrin 127
Chlorpropham 158
Chlorthion 87
Cinerin I 109
CIPC 158
CMPP 154
CMU 145
COBH 36
Cumarin-Derivate 135
Cyprex 39

2,4-D 149
Dalapon 144
2,4-DB 153
DBC 126
DCU 146
D-D 124
DDD 64
DDT 58, 77, 113
DDU 146
DDVP 93
2,4-DEB 155
Demeton-O-methyl 98
Demeton-s 97
DFDT 64
Diazinon 89, 107
Dichlone 35
Dichloralharnstoff 146
Dichlorvos 93
Dieldrin 26, 49, 78, 80
Dimefox 99
Dimethoate 100
Dimite 119
Dinoseb 104
Diquat 165
Dipterex 92
Disul-Natrium 154
Disyston 101
Dithianon 40
Dithiosystox 101
Diuron 146
DNC 155
DNBP 104, 156
DNOC 103, 155
Dodine 39
Dowfume 125
DPTD 33
Düngemittel 147

E 605 85
Ecdyson 111
EDB 125
Endothal 164
Endrin 76, 80, 113, 117, 133
2,3 Epoxyd des Heptachlors 77
EPTC 158
Eradex 119
Ethion 91

Fenson 115
Fenuron 146
Ferbam 31
Fluor-Verbindungen 96
Forbiat 124
Formaldehyd 122
Fungizide 19

Gamma-HCH 64, 73, 75, 76, 79, 86
Gelböle 106
Gelbspritzmittel 105, 106
Genite (923) 115
Gladiolin-Säure 42
Gliotoxin 42
Griseofulvin 42
Grünkupfermittel 23
Gusathion 90
Guthion 90

HCH 64
Heptachlor 76
Heptachlorcamphen 74
Herbizide 139
HETP 84
Hexachlorbenzol 21, 26, 35
Hexachlorcyclohexan 64
Hexachlorcyclopentadien 75
Hexaoxycyclohexan 66

innertherapeutische Fungizide 21
innertherapeutische Insektizide 96
Insektizide 44
Insektizidresistenz 46, 47, 102, 112
IPC 158
Isodrin 76, 80
Isolan 102

Juvenilhormon 111

Kainit 147
Kaliumcyanat 160
Kalkarsen 58
Kalkstickstoff 147
Karathan 39, 119
Karbolineen 105
Karenzzeit 9
Kelthane 117
KOCN 160
Kolloidschwefel 28
Kombination HCH+DDT 69
Kontaktfungizide 21
Kontaktinsektizide 46, 124
Kryolith 47
Kupferhaltige Fungizide 22
Kupfersparmittel 23

Larvacide 127
Lebaycid 92
Lethane (384) 108
Lindan 14, 17, 26, 65
Malathion 88, 107
Maneb 31
MCPA 149
MCPB 153
MCPP 154
Melprex 39
Mercaptophos 92
Metaldehyd 137
Metasystox 98
Methoxychlor 63, 64
Methylbromid 126
Methyl-Parathion 85
MH 164
Mineralöle 105, 106, 157
Molluskizide 136
Monuron 145
Murvesco 115
Mylone 129

Natriumfluorid 58
Natriumselenat 96
Natriumsilikofluorid 58, 76
Nemagon 126
Nematizide 120
Neotonin 111
Neotran 119
Netzmittel 16, 29
Netzschwefel 29
Nikotin 55
Nirosan 108
Nix 164
Nor-Mycophenolsäure 42
NPA 163

OBC 105, 106
Obstbaumkarbolineum 105
Octachlor 74
Ompa 97
OMU 159
organische Nitroverbindungen 103

organisch-synthetische Fungizide 29
organische Phosphorverbindungen 83, 84
Ovotran 114

Panogen 25
Parathion 85, 89, 107, 124
Patulin 42
PCA 165
PCP 157
PCPBS 115
PCPCPBS 114
PDU 146
Penicillin 41
Pentachlornitrobenzol 33
Pentachlorphenol 157
Pflanzliche Insektizide 53
Phaltan 38
Phenkapton 113
Phenothiazin 107
Phorate 101
Phosdrin 94
Phosphamidon 100
Phygon 35
Pikrinsäure 121
Piperin 110
Piperonylbutoxyd 54, 110
Polychlorcamphen 70
Propazin 162
Propham 158
Pyramin 165
Pyrethrum 54, 57, 109
Pyrolan 102
Pyrophyllit 15

Quassia 56
Quecksilberhaltige Mittel 24
Quintozene 33

Räucherpatronen 132
Reglone 165
Residualfungizide 21
Resistenz 46, 112
Rhodandinitrobenzol 34
Rodentizide 130
Rogor 100
Roh-HCH 65
Rotenon 46, 57
Rotkupfermittel 23
Ryadonin 57
Ryania 57

Schradan 97
schwefelhaltige Fungizide 27
Schwefelkalkbrühe 28
Schwefelkohlenstoff 123
Schwermetallsalze 148
selektive Pflanzenschutzmittel 11
Selektivherbizide 146, 150
Selensalze 96
SES 154
Sesamin 110
Sesamöl 54, 110
Sevin 103
Simazin 160
SMCA 164
SMDC 159
Spergon 35
spezifische Akarizide 112
Stäubeschwefel 28
Streptomycin 41, 43
Stroban 74
Strychnin 138
Sulphenone 119
Synergisten 54, 110
systemische Fungizide 21
systemische Insektizide 21, 95, 112, 113
Systox 97

2,4,5-T 149
Talkum 15
2,3,6-TBA154

TCA 142
TCP 145
Tedion 116
Teeröl 105
TEPP 84
Terramycin 43
2,4,5-TES 155
Tetradifon 116
Tetranitrocarbazol 108
Tetronsäureanhydrid 121
Thanite 108
Thimet 101
Thiocarbamate 30
Thiodan 11, 81, 82
Thiodiphenylamin 107
Thiram 32
Thiumet 33
Thiurame 31, 32, 33
Tinox 99
TMTD 32
Toleranz 9
Totalherbizide 141
Toxaphen 11, 49, 52, 69, 133
TPA 145
Trapex 129
Treibgas-Aerosol 17
Tri-allate 165
Triazin-Derivate 160
Trichloracetat 142
Trichlorbenzoesäure 154
Trichlordinitrobenzol 34
Trichlorphenoxyessigsäure 149
Trichlorphon 92
Trichlorpropionsäure 145
Trichlortrinitrobenzol 34
Trithion 92

Vapam 128, 159
Velsicol (1068) 74

Wildverbißmittel 139
Wuchsstoffherbizide 149, 150

Zineb 30, 33, 39
Zinkphosphid 131
zinnhaltige Fungizide 26
Ziram 31
Zusatzstoffe 14, 15, 16
Zystogon 123

Der Verfasser

- **gibt einen Überblick über das wichtige Gebiet der Pflanzenschutzmittel**
- **berücksichtigt die bis zur Gegenwart entdeckten Wirkstoffe und Wirkstoffgruppen**
- **bringt Angaben über alle Probleme wie Rückstandsdosen, Toleranzen und Toxikologie**

WISSENSCHAFTLICHE TASCHENBÜCHER